Python 3.7网络爬虫
快速入门

王启明 编著

清华大学出版社

北京

内 容 简 介

Python 3.7 正在成为目前流行的编程语言，而网络爬虫又是 Python 网络应用中的重要技术，二者的碰撞产生了巨大的火花。本书在这个背景下编写而成，详细介绍 Python 3.7 网络爬虫技术。

本书分为 11 章，分别介绍 Python 3.7 爬虫开发相关的基础知识、lxml 模块、BeautifulSoup 模块、正则表达式、文件处理、多线程爬虫、图形识别、Scrapy 框架、PyQuery 模块等。基本上每一章都配有众多小范例程序与一个大实战案例。作者还为每一章分别录制教学视频供读者自学参考。

本书内容详尽、示例丰富，是有志于学习 Python 网络爬虫技术初学者必备的参考书，同时也可作为 Python 爱好者拓宽知识领域、提升编程技术的参考书。

图书在版编目（CIP）数据

Python 3.7 网络爬虫快速入门/王启明编著. — 北京：清华大学出版社，2019（2023.1 重印）
ISBN 978-7-302-53647-5

I. ①P… II. ①王… III. ①软件工具－程序设计 IV. ①TP311.561

中国版本图书馆 CIP 数据核字（2019）第 186648 号

责任编辑：夏毓彦
封面设计：王　翔
责任校对：闫秀华
责任印制：丛怀宇

出版发行：清华大学出版社
　　　　　网　　址：http://www.tup.com.cn，http://www.wqbook.com
　　　　　地　　址：北京清华大学学研大厦 A 座　　　邮　　编：100084
　　　　　社 总 机：010-83470000　　　　　　　　邮　　购：010-62786544
　　　　　投稿与读者服务：010-62776969，c-service@tup.tsinghua.edu.cn
　　　　　质量反馈：010-62772015，zhiliang@tup.tsinghua.edu.cn

印 装 者：涿州市般润文化传播有限公司
经　　销：全国新华书店
开　　本：190mm×260mm　　　印　　张：13.25　　　字　　数：339 千字
版　　次：2019 年 10 月第 1 版　　　　　　　　印　　次：2023 年 1 月第 4 次印刷
定　　价：49.00 元

产品编号：082462-01

前 言

Python 是简练的语言

使用像 Python 这样的动态类型语言编写的代码往往比用其他主流语言编写的代码更加简短。这意味着，在编程的过程中会有更少的录入工作，而且会更容易记住算法并真正领会算法的原理。

Python 是易读的语言

Python 不时被人们指为"可执行的伪代码"。虽然很明显这是夸大之词，但是它表明大多数有经验的程序员可以读懂 Python 代码并领会代码所要表达的意图。

Python 是易安装的语言

要搭建 Python 的环境非常容易，不管是 Windows、Linux 还是 Mac 系统，只要配置好 Python 的环境，只需要 easy_install XX 或者 pip install XX 就可以安装所需要的第三方扩展包。

Python 是易扩展的语言

Python 附属了很多标准库，涉及数据函数、XML 解析以及网页下载、RSS 解析、SQLLite 等，可以解决现实中遇到的各种问题。

为什么用 Python 实现网络爬虫

基于上述优点，加上抓取网页文档的接口更简洁；相比其他动态脚本语言，如 Perl、Shell，Python 的 urllib2 包提供了较为完整的访问网页文档的 API，以及抓取后的处理方法，比如筛选 HTML 标签、提取文本等。Python 的相关扩展可以用极短的代码完成大部分文档的处理。

本书涉及的技术或框架

Python 基本语法	正则表达式	线程（Thread）
Python 函数	XML	进程（Process）
lxml 模块	CSV	图形识别验证码
XPath 语法	MySQL	Scrapy
BeautifulSoup	PyQuery	

本书涉及的范例和案例

爬取豆瓣网的内容

爬取电影天堂网的内容

爬取猫眼电影网的内容

爬取腾讯招聘网的内容

使用 BeautifulSoup 爬取电影天堂的内容

使用正则表达式爬取糗事百科的内容

爬取鼠绘漫画的图片

使用多线程爬取豆瓣的内容

使用 Tesseract 识别验证码的图片

使用 Scrapy 框架爬取豆瓣网的内容

使用 PyQuery 爬取微博热搜的内容

本书特点

（1）语言通俗易懂。对于没有基础的读者，最忌讳的就是讲一些艰深晦涩的理论，让人难于理解。本书则尽量使用通俗易懂的语言来介绍 Python，让大家更容易理解各种知识点，从而将相应的知识变成自己的能力。

（2）结合范例程序来讲解知识点。为了讲明各个知识点，基本上每个知识点都通过相关的范例程序来说明。通过范例程序及实际的执行效果，让大家学以致用，在理解领会的基础上进一步掌握相关知识、相应模块的方法。

（3）插图配合教学视频。为了保证本书的范例程序均能够成功执行，每个范例程序不仅有相应的程序代码，还有程序执行后的效果图。大家可以通过效果图来对比程序执行的结果，确保学习质量。同时每章还配有一个教学视频供读者自学参考。

（4）案例丰富。为了向读者说明 Python 爬虫程序的效果，书中选择的被爬取的网站都是国内热门的网站，比如豆瓣电影、猫眼电影、电影天堂、微博热搜等。这些网站大家喜闻乐见。通过这些案例，大家可以轻松地掌握相关模块的使用方法，举一反三，将相应技术应用于其他同类的网站中。

代码与教学视频下载

本书示例源代码与教学视频下载地址请扫描右边二维码获得。

如果下载有问题，请联系 booksaga@163.com，邮件主题为"Python 3.7 网络爬虫快速入门"。

本书读者

- 有志于学习 Python 爬虫编程的初学者
- 对 Python 网络爬虫技术有兴趣的开发人员
- 各类综合信息网站的站长或技术人员
- 高校和培训学校相关专业的师生

编　者

2019 年 7 月

目　录

第 1 章

◄ 简识Python ►

Python 语言是一种面向对象的计算机程序设计语言,一经发行便受到众多计算机开发者的喜爱。经过多年的完善补充,Python 语言越发显现出它的优点,成为大数据技术人员热衷学习研究的热门语言。Python 简洁清晰的编程风格,易于和计算机其他应用领域巧妙结合,使得 Python 适应面非常广。

读者通过本章的学习,可以初步了解 Python 的语言魅力,以及如何将 Python 用来解决一些数学上的小问题。但是要想完全掌握好一门语言,则需要不断地使用,同时还要在使用过程中不断地积累编程技巧,最后达到融会贯通。

本章主要涉及的知识点有:

- 认识 Python:Python 是一种解释型、交互式、面向对象、对初学者友好的语言
- 编程:通过编程实现和计算机的对话,用 Python 编程实现一些简单的功能
- 了解主流的开发环境:借助完善的开发环境进行编程,事半功倍
- Hello,World!:编写第一个小程序,并学会处理程序中可能出现的问题

1.1 了解 Python

本节首先介绍 Python 的基本概念,这些概念是学习和使用 Python 编程的前提。理解了 Python 的这些基础概念之后才能为学好 Python 编程打下坚实的基础。

1.1.1 Python 的概念

首先来看看 Python 的定义。Python 是一种解释型、交互式、面向对象的程序设计语言,也是对初学者友好的一种程序设计语言。

- Python 是解释型语言

Python 作为一种解释型语言,意味着在开发过程中可以没有编译这个环节,相较于 C 语言这门中级程序设计语言而言,Python 是一种高级程序设计语言,编程者运用起来更加容易

理解和便捷。

● Python 是交互式语言

这意味着，开发者在开发环境中写入代码，即刻就可以得到回馈的结果。在这个过程中，程序无须先进行整体的编译处理，而是逐条执行程序语句给出运行的结果。

● Python 是面向对象的程序设计语言

这意味着 Python 支持将代码封装成对象的面向对象的程序设计方式，使得 Python 程序能够充分发挥面向对象程序设计技术的长处。

● Python 是对初学者友好的语言

对初学者来说，Python 语言清晰简洁的编程方式，对语法的要求比其他语言更加宽松且具有丰富的扩展功能，便于初学编程者学习和掌握，即学习曲线更短。

1.1.2 有趣的 Python 程序

在深入学习 Python 语言之前，先来感受一下 Python 语言实现的一些有趣的小程序。

【范例程序 1-1】在屏幕上画一条蛇（Python 这单词的英文意思就是蟒蛇）

范例程序 1-1 的代码

```
import turtle        # 导入 turtle 包
turtle.setup(650,350,200,200)
turtle.penup()        # 提起笔移动，不绘图
turtle.fd(-250)       # 前进
turtle.pendown()      # 边移动边绘图
turtle.pensize(25)
turtle.pencolor("green")
turtle.seth(-40)
for I in range(3):
    turtle.circle(40,80)
    turtle.circle(-40,80)
turtle.circle(40,80/2)
turtle.fd(10)
turtle.circle(50,100)
turtle.circle(-25,130)
turtle.fd(20*6/5)
turtle.done()
```

执行以上代码，结果如图 1.1 所示。相信大多数读者通过运行这个范例程序代码，已经看到了这条可爱的小青蛇在屏幕上一点点画出来的样子，是不是很有趣呢？

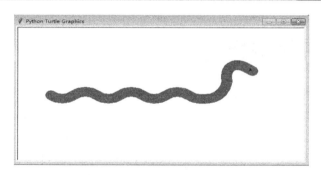

图 1.1 画蛇

同时，有些读者可能会对这个范例程序到底写了什么感到好奇。不用着急，请读者循序渐进、一点一点地弄明白这个范例程序代码中各种符号代表的含义。通过本书后面章节的学习，大家很快就可以自己轻松地画出想要的图形了。

Python 除了能够实现在屏幕上画图之外，还可以轻松解决一些数学问题。

【范例程序 1-2】实现简单的温度转换

目前有两种度量温度的标准，分别是摄氏度和华氏度，这个范例程序可以通过简单地输入一种温度值，然后经过换算得到另一种温度值。

范例程序 1-2 的代码

```python
Temp = input("请输入带有符号的温度值：")
if Temp[-1]in['F','f']:
    value = (eval(Temp[0:-1]) - 32 )/1.8
    print("转换后的温度值为{:.2f}C".format(value))
elif Temp[-1]in['C','c']:
    value = eval(Temp[0:-1])*1.8 +32
    print("转换后的温度值为{:.2f}F".format(value))
else:
    print("输入温度值格式有误")
```

尝试一下将这些程序代码复制到你的开发环境中，运行一下这个范例程序，试一试温度值的转换。范例程序 1-2 的运行结果如图 1.2 与图 1.3 所示。

图 1.2 实现温度转换 I

图 1.3 实现温度转换 II

有些读者可能还没有一个可以运行 Python 程序的集成开发环境，没关系，我们在下一节就指导读者安装和建立一个 Python 的集成开发环境。

1.2 集成开发环境

在上一节，大家看到了两个用 Python 语言编写的范例程序，心中一定充满了好奇，到底 Python 是怎么做到的呢？从本节开始，我们就正式开始 Python 的学习。俗话说，"工欲善其事，必先利其器。"所以在学习之前，我们需要了解一下 Python 的集成开发环境。

什么是集成开发环境？又有哪些可供选择的 Python 集成开发环境呢？

首先，集成开发环境就像画家手中的纸笔、厨师所用的炊具、木匠常用的工具，是开发程序必备的设施。设想一下，如果没了集成开发环境，那么程序要在哪里编写、执行和调试呢？

Python 的集成开发环境有很多，人们可以根据不同的需求来选择使用不同的集成开发环境。对于初学者来说，最适合的集成开发环境当然 Python 官网提供的。

1.2.1 安装 Python 3.7

下面先来安装 Python 3.7。

首先，读者需要知道自己所用的计算机配备的是什么操作系统。

Python 是一种跨平台的语言，可以在 Windows、Mac OS 以及各种 Linux 操作系统上运行。目前，人们在计算机中使用最多的还是微软公司的 Windows 操作系统，因此下面我们主要介绍如何在 Windows 上一步步安装 Python。

（1）下载 Python 安装包。首先使用浏览器打开 Python 官网，网址为 http://www.python.org/downloads/），如图 1.4 所示。然后选择相应的安装包下载即可。

图 1.4　Python 官网

（2）安装下载的 Python 3.7.2 安装包。执行安装包，出现类似图 1.5 所示的安装界面。

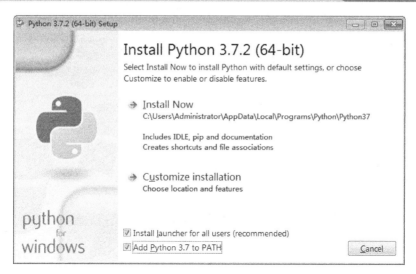

图 1.5 安装 Python 步骤 1

（3）选择图 1.5 中的"Install Now"（开始安装）或者"Customize installation"（自定义安装）选项。在开始安装前需要先勾选"Add Python 3.7 to PATH"（将与运行 Python 3.7 有关的路径加入到系统环境变量 Path 中）选项。之后将出现如图 1.6 所示的安装界面。

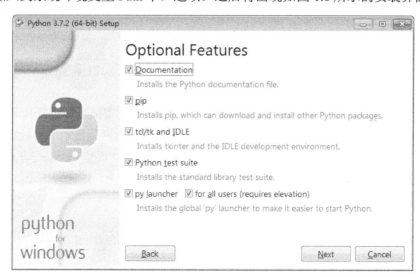

图 1.6 安装 Python 步骤 2

（4）接下来单击【Next】按钮，直到完成。

（5）测试安装是否成功。安装完毕之后需要对安装结果进行测试。首先打开系统的运行窗口，输入 cmd，如图 1.7 所示。

图 1.7 运行窗口

（6）输入完成并单击【确定】按钮，之后会进入命令行窗口。然后在命令行窗口中输入"python"，进入 Python 开发环境，如图 1.8 所示。

图 1.8 在命令行窗口中输入"python"

（7）查看图 1.8，可以发现这里出现一个错误：'python'不是内部或外部命令，也不是可运行的程序。

这是为什么呢？原因是 Windows 会根据安装时环境变量设定的路径去查找 Python 程序。出现图 1.8 所示的错误是因为 Windows 通过系统的 PATH 环境变量指示的路径没有找到这个程序。回忆一下，安装过程中是否漏掉了需要勾选的一个选项"Add Python 3.7 to PATH"。这时需要手动把安装的路径添加到 PATH 环境变量中。解决这个问题比较简单：

第一种是最简单的做法，即重新启动安装程序，将"Add Python 3.7 to PATH"选项勾选上。

第二种方法是修改系统的环境变量。这种方法相对复杂，不建议初学者使用。如果还是想尝试这种方法，建议读者去网络上查询修改 Path 环境变量的方法。

如果读者能够顺利地完成上述安装步骤，那么恭喜读者已经获得了一把"趁手的武器"。接下来，就可以借助这个 Python 开发环境来编写 Python 程序了。

1.2.2 从 IDLE 启动 Python

启动 Python 系统自带的、简洁的集成开发环境 IDLE。

1. 通过运行 cmd 在命令行窗口中启动 IDLE

首先，找到 Windows 的"运行"选项，在运行框中输入"cmd"命令，启动命令行窗口，如图 1.9 所示。

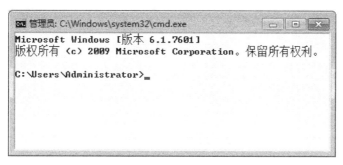

图 1.9　命令行窗口

然后单击 Windows "开始" 菜单下的 "所有程序"，再选择 "Python 3.7"，在下级菜单中找到 "IDLE"，用鼠标右键单击之，在弹出的快捷菜单中选择 "属性" 选项，随后弹出如图 1.10 所示的 IDLE 属性窗口。

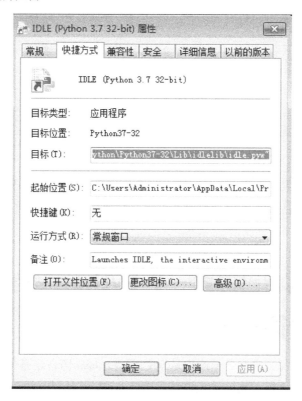

图 1.10　属性界面

打开图 1.10 属性窗口中的 "快捷方式" 选项卡，可以看到 "目标" 文本框里有路径（即地址），复制这个完整的路径，再粘贴到运行窗口中，如图 1.11 所示，再按键盘上的【Enter】键，就会弹出 Python 交互界面。

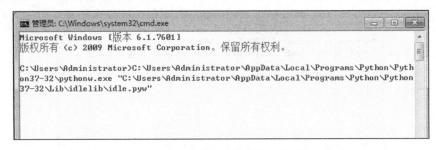

图 1.11　把运行 IDLE 所需的完整路径复制到命令行窗口中

2. 直接启动 IDLE

单击"开始"菜单中的"所有程序"选项，选择"Python 3.7"命令，在下级菜单中找到"IDLE"，直接单击之即可，结果如图 1.12 所示。

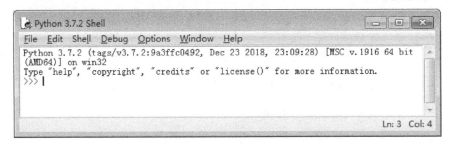

图 1.12　Python IDLE 界面

本节介绍了如何下载、安装 Python 3.7，以及如何启动 Python 的集成开发环境 IDLE，为编程做好了准备。下一节，大家就可以真正动手开始编写 Python 程序了。

1.3 编写自己的第一个 Python 程序：
一个简单的问候

对每一个学习编程的人来说，无论你是学 C 语言、Java 语言还是任何其他程序设计语言，或许会发现一个相同的地方：第一个程序总是"Hello,World！"。

一个简单的问候，像是和计算机进行的第一个对话。你对计算机说"Hello,World！"，计算机回应给你"Hello,World！"。

本节将利用上一节所介绍的集成开发环境来编写一个完整的范例程序：和 Python 打个招呼。这个程序的最终运行结果如图 1.13 所示。

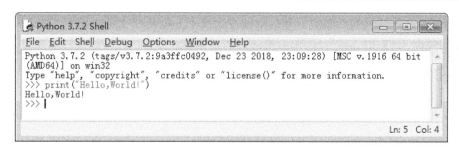

图 1.13　在 IDLE 中输出"Hello，World！"

这个程序其实只有一条程序语句：

```
print("Hello,World! ")
```

看上去很简单，实际上却可能是初学编程者第一次从人的思维转向计算机的思维。

计算机的思维是什么？简单来说就是按照约定好的规则，一步步地执行。

下面解释一下 print 语句。

print 的用法是将括号中的内容或值输出到计算机屏幕上。我们可以看出括号中有一个双引号，双引号中写着"Hello,World！"。双引号的含义是告诉计算机：代码中的"Hello,World！"是字符串。这条简单的程序代码其实就是完整地告诉计算机：在屏幕上输出一个内容为"Hello,World！"的字符串。

如果将双引号中的"Hello,World！"换成其他的字符串内容，是不是也可以呢？当然可以。

下面就来看看只使用 print 语句在计算机屏幕上输出由字符组成的有趣图形。

首先来看一个问题：如果我们想在集成开发环境 IDLE 中编写多条 Python 的程序语句，最后再一起执行，而以交互式的方式一条一条地执行，那么该怎么办呢？对于这种情况，我们就需要使用到 Python 的.py 文件了，即 Python 的源代码程序文件。

要新建一个.py 文件，在 IDLE 中找到"File"菜单，从中选择"New File"菜单选项，就新建了一个空白的 Python 程序文件，结果如图 1.14 所示。

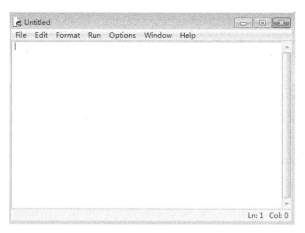

图 1.14　未命名的 Python 程序文件，目前还是空白文件

选择如图 1.14 所示窗口中的"File"菜单，在选择"Save As"菜单选项，将文件命名为

1-3.py，并保存在计算机的桌面上。然后继续在这个 1-3.py 程序文件中编写下面的程序语句。

【范例程序 1-3】用 print 打印字符组成的心形图形

范例程序 1-3 的代码

```
print ("    ***          ***    ")
print (" *********      *********")
print ("***********    ***********")
print ("*************  *************")
print ("************** **************")
print ("**************** ****************")
print (" ******   *** ***   *******")
print (" ******    *****    *******")
print ("  ******     ***     ******")
print ("    ******    *    ******")
print ("     ******  *  ******")
print ("      **************")
print ("        **********")
print ("          ******")
print ("           ***")
print ("            *")
```

在上述程序中所有行均使用 print 语句来打印出指定的内容。确保上述各行的程序语句编写在 1-3.py 程序文件中，完成后再单击"Run"菜单，从中选择"Run Module"菜单选项，或者直接按【F5】快捷键，该程序的执行结果如图 1.15 所示。

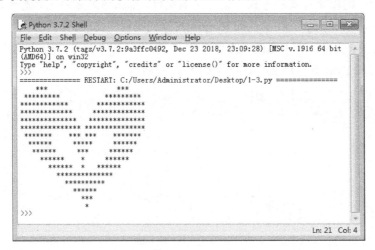

图 1.15　用 print 打印字符组成的心形图形

查看以上代码，读者就会知道，这只是简单地用 print 语句以拼接的方式来输出自己想要的图形。

这里只是简单地演示一下如何新建程序文件和编写简单的程序代码。然而，编程或者说程序设计可以简单也可以复杂，它的过程是一个逻辑思维和创造的过程，这个过程既有趣又神奇，人类就是通过编写程序来指挥计算机完成各种各样的工作和任务。

1.4　小结

在本章中，首先直观地展示了两个 Python 的范例程序。然后指导读者如何安装 Python 的集成开发环境，接下来带领读者编写第一个 Python 程序。通过本章的学习，让读者对 Python 有一个初步的了解，为后续章节的学习打下坚实的基础。

第 2 章
◀Python语法速览▶

在第 1 章中，主要介绍了使用 Python 语言能够实现的一些简单有趣的功能。在这一章，将要具体讲解 Python 语法。学习 Python 跟学习任何一门编程语言一样，都必须先学会它的基本语法，这样，编程者才能够学会了如何"遣词造句"，即编写程序。

本章主要涉及的知识点有：

- 数据类型和变量：理解变量的概念和如何使用变量，掌握 Python 的基本数据类型
- 运算符：学会使用 Python 中的运算符，掌握最常用的算术、比较、赋值等运算符
- Python 复合数据类型：学会使用 Python 中的列表、元组、字典与集合
- 流程控制（条件语句和循环语句）：学会条件结构和循环结构

2.1 数据类型与变量

本节首先介绍 Python 中的数据类型、变量和常用的运算符。理解这些概念是学习使用 Python 的基础。

2.1.1 数据类型

数据是构成程序的基石，每种编程语言中都有数据类型的概念，本小节首先来看一下 Python 中几种常用的数据类型：整数、浮点数、字符串、布尔值与空值等。

1. 整数

整数就是数学上的概念，包括正整数、负整数和零。Python 可以处理任意大小的整数，在程序中的表示方法和数学上的写法一模一样，例如 1、100、-8080、0 等。

2. 浮点数

浮点数就是数学上所说的小数，之所以称为浮点数，是因为按照科学计数法表示时，一个浮点数的小数点位置是可变的。比如，1.23×10^9 和 12.3×10^8 是完全相等的。浮点数可以用数学写法，如 1.23、3.14、-9.01 等。但是对于很大或很小的浮点数，就必须用科学计数法来表示，用 e 替代 10，1.23×10^9 就是 1.23e9 或者 12.3e8，0.000012 可以写成 1.2e-5，等等。

整数和浮点数在计算机内部存储的方式是不同的，整数运算永远是精确的，而浮点数运算则可能会有四舍五入的误差。

3. 字符串

字符串是以单引号（'）或双引号（"）括起来的任意文本，比如：

```
'abc'
"xyz"
```

 '' 或 "" 本身只是一种表示方式，其中的单引号与双引号并不是字符串的一部分，它们只是字符串起始和终止的标记符。因此，字符串 'abc' 只有 a、b、c 这 3 个字符。

如果单引号本身也是一个字符，就可以用""括起来，比如"I'm OK"包含的字符是 I、'、m、空格、O、K 这 6 个字符。

如果字符串内部既包含单引号又包含双引号，那么可以用转义字符"\"斜杠来标识，比如：

```
'I\'m \"OK\"!'
```

表示的字符串内容是：

```
I'm "OK"!
```

转义字符\可以转义很多字符。例如，\n 表示换行，\t 表示制表符，字符\本身也要转义，所以\\表示的字符就是\。

4. 布尔值

除了整数、浮点数、字符串外，还有一类特殊的数据是布尔值。布尔值和它在布尔代数中的表示完全一致，布尔值只有 True（真）、False（假）两种值，要么是 True，要么是 False。在 Python 中，可以直接用 True、False 表示布尔值（请注意字母大小写，即首字母大写）。

 数字中的 1 表示布尔值 True，0 表示布尔值 False，其他值均不表示 True 与 False。

如图 2.1 所示的就是在 Python Shell 环境中输出布尔值的范例。

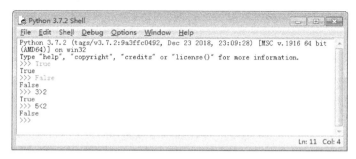

图 2.1　Python 中布尔值的使用

13

5. 空值

空值是 Python 里一个特殊的值，用 None 表示。None 不能理解为 0，因为 0 是有意义的，而 None 就特指一个特殊的空值。

2.1.2 变量

上一小节介绍了 Python 中的数据类型，本小节将介绍 Python 中的变量。Python 中变量的概念基本上和数学中的变量是一致的，只是在计算机程序中，变量不仅可以是数字或数值，还可以是任意数据类型。

变量在程序中用一个变量名表示，变量名必须是大小写英文字母、数字和下划线 "_" 的组合，且不能用数字开头。通过变量名可以获取变量的值，也可以对变量进行赋值。对变量赋值的意思是将值赋给变量，赋值完成后变量所指向的存储单元就存储了被赋的值。比如：

```
num=1
string_1='hi world'
Result=False
```

以上代码中变量 num 是值为 1 的整数，变量 string_1 是内容为 "hi world" 的字符串，变量 Result 是值为 False 的布尔值。其中，"＝" 在 Python 中是赋值符号，可以把任意数据类型赋值给变量，同一个变量可以反复赋值，而且可以是不同的数据类型。

虽然说我们可以使用任意符合变量命名规则的变量名，但在实际使用中还是有一些约定俗成的规则：

（1）能够望文生义。例如，"length = 3,width = 2"，一看便知是长度和宽度。

（2）大小写。例如，常量通常使用大写，而变量使用小写等。

（3）变量名的长短。虽然 Python 对变量名的长度没有限制，但是在使用中尽量不要使用过长的变量名。

（4）关键字。Python 预先定义了一部分有特别意义的标识符，用于 Python 语言自身使用。这部分标识符称为关键字或保留字，在对变量命名时应避免使用保留字定义变量名，否则会引发语法错误，如下代码所示。

```
>>> False = 1
SyntaxError: can't assign to keyword
```

程序报错：不能给关键字赋值。

Python 中的所有关键字列在表 2.1 中。

表 2.1　Python 中的关键字

关键字	关键字意义
False	布尔类型的值，表示假，与 True 相反
None	None 比较特殊，表示什么也没有，它有自己的数据类型 NoneType
True	布尔类型的值，表示真，与 False 相反

（续表）

关键字	关键字意义
and	用于表达式运算，是"逻辑与"运算
as	用于类型转换
assert	断言，用于判断变量或者条件表达式的值是否为真
async	Python 3.5 版本加入的，异步 IO 中替换以前的@asyncio.coroutine
await	Python 3.5 版本加入的，异步 IO 中替换以前的 yield from
break	中断循环语句的执行
class	用于定义类
continue	跳出本次循环，继续执行下一次循环
def	用于定义函数或方法
del	删除变量或序列的值
elif	条件语句，与 if、else 结合使用
else	条件语句，与 if、elif 结合使用，也可用于异常和循环语句
except	except 包含捕获异常后要运行的代码块，与 try、finally 结合使用
finally	用于异常语句，出现异常后，始终要执行 finally 包含的代码块。与 try、except 结合使用
for	for 循环语句
from	用于导入模块，与 import 结合使用
global	定义全局变量
if	条件语句，与 else、elif 结合使用
import	用于导入模块，与 from 结合使用
in	判断变量是否在序列中
is	判断变量是否为某个类的实例
lambda	定义匿名函数
nonlocal	用于标识外部作用域的变量
not	用于表达式运算，是"逻辑非"运算
or	用于表达式运算，是"逻辑或"运算
pass	空的类、方法或函数的占位符
raise	异常抛出操作
return	用于从函数返回计算结果
try	try 包含可能会出现异常的语句，与 except、finally 结合使用
while	while 循环语句
with	简化 Python 的语句
yield	用于从函数依次返回值

2.2　运算符

前面我们介绍了数据类型与变量，变量是用来存储数据的，存储的数据是用于运算，运算就会使用到运算符。举个简单的例子：

```
4 + 5 = 9
```

在上例中，4 和 5 被称为操作数，+被称为运算符。

Python 支持以下几种运算符：

- 算术运算符
- 比较（关系）运算符
- 赋值运算符
- 逻辑运算符
- 位运算符
- 成员运算符
- 身份运算符

下面分别来介绍这些运算符。

2.2.1 算术运算符

算术运算符是对数值类型变量（包括整数、浮点数）进行数学计算的运算符，比如常见的加、减、乘、除等都属于这一类。Python 中的算术运算符如表 2.2 所示。

表 2.2　Python 中的算术运算符

运算符	说明	范例
+	加，两个操作数相加	10+20，返回结果 30
-	减，两个操作数相减，或者在一个数值前表示负数	10-20，返回结果-10
*	乘，两个操作数的乘积	10*20，返回结果 200
/	除，两个操作数相除的商	20/10，返回结果 2
%	取余，两个操作数相除的余数	20%10，返回结果 0
**	次方，返回数值的 N 次方	10**2，返回结果 100
//	求商取整，返回两个操作数相除的商的整数部分	9//4，返回结果 2

【范例程序 2-1】算术运算符的使用范例

范例程序 2-1 的代码

```
print("100+200="+str(100+200))
print("100-200="+str(100-200))
print("100*200="+str(100*200))
print("10/3="+str(10/3))
print("10 除 3 的余数为："+str(10%3))
print("10 整除 3 为："+str(10//3))
print("10 的 3 次方为："+str(10**3))
```

以上代码使用算术运算符对两个数进行计算，并输出结果。其中，str()的作用是将数值转换为字符串，这样才能与前面的字符串部分合并再输出。把这段代码保存到程序文件 2-1.py 中，再执行该程序，结果如图 2.2 所示。

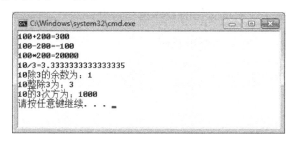

图 2.2　使用 Python 算术运算符进行计算

2.2.2　比较运算符

比较运算符跟通常数学中的比较大小类似，用于比较两个数值或变量的相等、不等、大小等关系。Python 中常用的比较运算符如表 2.3 所示。

表 2.3　Python 中的比较运算符

运算符	说明	范例
==	等于，比较两个对象是否相等	10==10 返回结果 True
!=	不等，比较两个对象是否不相等	10!=20 返回结果 True
<>	不等，比较两个对象是否不相等	10<>20 返回结果 True
>	大于，比较前一个操作数是否大于后一个	20>10，返回结果 True
<	小于，比较前一个操作数是否小于后一个	10<20，返回结果 True
>=	大于等于，比较前一个操作数是否大于等于后一个	20>=10，返回结果 True
<=	小于等于，比较前一个操作数是否小于等于后一个	10<=20，返回结果 True

所有比较运算符的比较结果均返回布尔值 True 或 False。比较运算符用于本章后续将要介绍的条件判断才有实际的意义，这里不再单独举例。

2.2.3　赋值运算符

赋值运算符用于对变量进行赋值。最常用的赋值运算是"="，即"等号"这个符号，在 Python 中这个"="和数学中等号的作用是有差别的，它的作用是将"="右边的值赋给"="左边的变量，赋值号"="的左边只能是变量，不能是值或常数。注意：在后文中，在正常的情况下，都将赋值符号"="称为赋值号或赋值运算符，不再不规范地称为"等号"。

除了最基本的赋值运算符之外，还可以在赋值号前加上各种算术运算符来组成复合赋值运算符。例如，+=、-=、*=、\=、%=、\\=、**=等，表示将复合赋值运算符右边的值与左边变量的值经过相应的数学运算再赋给左边的变量。

比如：

```
a=1
```

```
b=2
b+=a                                    # b=a+b，结果 b 为 3
```

下面的范例程序演示了赋值运算符的具体执行结果。

【范例程序 2-2】赋值运算符的使用范例

范例程序 2-2 的代码

```
a = 10
b = 10
c = a + b
print("1 - c 的值为： ", c)              # 10+10=20
c += a
print("2 - c 的值为： ", c)              # c=20+10=30
c *= a
print("3 - c 的值为： ", c)              # c=30*10=300
c /= a
print("4 - c 的值为： ", c)              # c=300/10=30
c = 2#重新赋值
c %= a
print("5 - c 的值为： ", c)              # c=2%10=2
c **= a
print("6 - c 的值为： ", c)              # c=2**10=1024
c //= a
print("7 - c 的值为： ", c)              # c=1024//10=102
```

以上代码中首先定义了两个变量 a、b，然后将两个变量的和赋给变量 c，再通过一系列赋值运算，其中的注释部分说明了经过赋值运算后值的变化。把这段代码保存到程序文件 2-2.py 中，执行该程序，结果如图 2.3 所示。

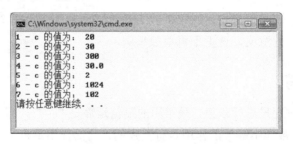

图 2.3　使用 Python 赋值运算符进行赋值运算

2.2.4　逻辑运算符

Python 中的逻辑运算符对布尔值 True、False 进行运算，其结果仍为布尔值。Python 中的逻辑运算符包括 and、or、not，分别为逻辑和、逻辑与、逻辑非。

- and：逻辑与，如果两个参与运算的布尔值均为 True，就返回 True；只要有一个布尔值为 False，就返回 False。

- or: 逻辑或，只要两个参与运算的布尔值有一个为 True，就返回 True；只有两个布尔值均为 False，才返回 False。
- not: 逻辑非，该运算符只对一个布尔值操作，如果参与运算的布尔值为 True，就返回 False；如果参与运算的布尔值为 False，就返回 True。

逻辑运算符的结果均为布尔值，而且逻辑运算符通常需要与条件判断语句配合使用，这里不再单独举例说明。

2.2.5 位运算符

位运算符是把两个操作数按二进制位对位进行运算，再返回结果。Python 中的位运算符包括按位与、按位或、按位异或、按位取反、左移位、右移位等，具体如表 2.4 所示。

表 2.4 Python 中的位运算符

运算符	说明	范例
&	"按位与"运算符：参与运算的两个值的各个二进制位，只要对应的位都为 1，那么该位的运算结果为 1，否则为 0	(60 & 13) 的运算结果为 12，它对应的二进制数为：0000 1100
|	"按位或"运算符：参与运算的两个值的各个二进制位，只要对应的位有一个为 1，那么该位的运算结果为 1	(60 | 13) 的运算结果为 61，它对应的二进制数：0011 1101
^	"按位异或"运算符：参与运算的两个值的各个二进制位，只要对应的位相异（即不相同），那么该位的运算结果为 1	(60 ^ 13) 的运算结果为 49，它对应的二进制数： 0011 0001
~	"按位取反"运算符：将参与运算的值的各个二进制位，按位逐个取反，即把 1 变为 0、把 0 变为 1	(~60) 的运算结果为-61，它对应的二进制数为：1100 0011，即一个有符号二进制数的补码形式
<<	左移位运算符：把<<左边的操作数的各个二进制位全部向左移若干个位，由<<右边的数字指定要移动的位数，高位移出就丢弃，低位空出就补 0	60 << 1 的运算结果为 120，它对应的二进制数为：0111 1000
>>	右移位运算符：把>>左边的操作数的各个二进制位全部向右移若干个位，由>>右边的数字指定要移动的位数	60 >> 1 的运算结果为 30，它对应的二进制数为：0001 1110

表 2.4 中的范例部分的位运算结果分别用图 2.4~图 2.9 具体演示一下。

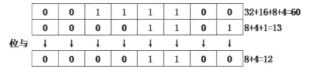

图 2.4 "按位与"运算

图 2.5 "按位或"运算

图 2.6 "按位异或"运算

图 2.7 "按位取反"运算

图 2.8 "左移 1 位"运算

图 2.9 "右移 1 位"运算

2.2.6 成员运算符

成员运算符用于判断某个值是否存在于字符串、列表、元组等指定对象中。有 in 与 not in 两个运算符：In，当成员存在于指定对象中时返回 True，否则返回 False；not in，当成员不存在于指定对象中时返回 True，否则返回 False。

【范例程序 2-3】成员运算符的使用范例

范例程序 2-3 的代码

```
print ('a' in "abc")          # a 在 abc 中
print ('a' not in "abc")      # a 不在 abc 中
print ('d' in "abc")          # d 在 abc 中
print ('d' not in "abc")      # d 不在 abc 中
```

以上代码使用成员运算符判断指定字符是否存在于字符串中并输出结果。把这段代码保存到程序文件 2-3.py 中，执行该程序，结果如图 2.10 所示。

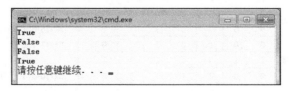

图 2.10 使用 Python 成员运算符进行计算

2.2.7　身份运算符

除了以上介绍的几种运算符之外，Python 中还有一类特殊的运算符：身份运算符。身份运算符用于比较两个对象的存储单元，有 is 与 is not 两个运算符。Is，两个变量引用自同一个对象则返回 True，否则返回 False。is not，两个变量引用自不同的对象时，返回 True，否则返回 False。

注意，is 与==是不同的，is 用于判断两个变量引用对象是否为同一个，而==用于判断引用变量的值是否相等。

2.2.8　运算符的优先级

前面几节介绍了 Python 中的几类运算符，而这些运算符都有着特定的优先级，在实际使用中，运算符将按照优先级高低顺序决定运算的先后顺序。首先进行优先级高的运算符的运算，然后对优先级次高的运算符进行运算，以此类推。

Python 中运算符的优先级顺序如表 2.5 所示。

表 2.5　Python 中的运算符优先级

运算符	说明
**	指数（最高优先级）
~、+、-	按位取反，一元加号和减号（最后两个的方法名为 +@ 和 -@）
*、/、%、//	乘、除、取模（或求余数）和取整除
+、-	加法、减法
>>、<<	右移位、左移位运算符
&	"按位与"运算符
^、|	"按位异或"和"按位或"运算符
<=、<　>、>=	比较大小运算符
<>、==、!=	等于与否运算符
=、%=、/=、//=、-=、+=、*=、**=	赋值运算符
is、is not	身份运算符
in、not in	成员运算符
not、and、or	逻辑运算符

在实际应用中，为了避免优先级混乱，建议使用括号。这样可以确保先运算括号内的表达式，再运算括号外的表达式。再复杂的情况可以考虑使用多层括号，最内层的括号先运算。

2.3　使用复合类型

在 2.1 节中，大家学习了 Python 的变量以及数据类型，有整数、浮点数、字符串、布尔值等。除了这些基本数据类型，Python 中还有一些复合数据类型，有列表、元组、字典以及集合等。本节就来学习这些复合类型。

2.3.1　列表

列表（List）是最常用的 Python 数据类型，它的数据项（或称为元素）不需要具有相同的类型，可以随时添加和删除其中的数据项或元素。

创建一个列表，只要把逗号分隔的不同数据项使用方括号括起来即可，如下所示。

```
>>> list1 = ['happy',12,3.2]
>>> list2 = [10,9,8,7]
>>> list3 = ["a","b","c","d"]
```

访问列表的方式很简单：可以通过列表的索引访问列表中的每一个元素。与字符串的索引一样，列表索引从 0 开始。另外，还可以通过 len()函数来获取列表的长度。

【范例程序 2-4】创建和访问列表

范例程序 2-4 的代码

```
school=['清华','北大','哈佛','耶鲁']
print("列表 school 为：",school)
print("列表 school 的长度为：",len(school))              # 获取列表的长度
print("列表 school 的第一个元素为：",school[0])           # 获取列表的第一个元素
print("列表 school 的最后一个元素为：",school[len(school)-1]) # 获取列表的最后一个元素
print("列表 school 的最后一个元素为：",school[-1]) # 使用索引-1 获取列表 d 最后一个元素
print("列表 school 的倒数第二个元素为：",school[-2]) # 使用索引-2 获取列表的倒数第二个元素
print("列表 school 的第二个元素为：",school[1])          # 获取列表的第二个元素
```

以上代码首先创建了一个列表，然后通过索引访问列表中的元素，并且使用 len() 函数获取列表元素的个数。把这段代码保存到程序文件 2-4.py 中，执行该程序，结果如图 2.11 所示。

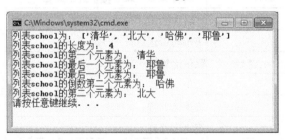

图 2.11　创建和访问列表

除了对列表的创建和访问操作之外，Python 还支持对列表的添加元素、删除元素、修改元素、查找元素以及简单的统计等操作。

1. 为列表添加元素

有三种方式可以为列表添加新的元素，分别为：在末尾添加单个元素，在末尾添加列表，将元素插入到列表中指定的位置。

（1）使用列表的 append()方法可以在列表末尾添加一个新的对象（元素）。其语法格式如下所示。

```
list.append(object)
```

在以上代码中，object 是任意数据类型的元素，通过该方法可以将 object 添加到 list 列表的末尾。

范例程序：使用 append()方法在 list1 末尾添加一个字符串"add"。

```
list1 = ['happy',12,3.2]
list1.append('add')
print(list1)
```

输出结果为：

```
['happy', 12, 3.2, 'add']
```

（2）使用 extend()方法可以在列表末尾追加列表（即添加多个元素），语法格式如下：

```
list.extend(list1):
```

其中的参数 list1 为另一个列表，执行该方法会将 list1 列表添加到 list 列表末尾，相当于合并两个列表。

范例程序：使用 extend()方法将 list3 添加到 list2 中，就是把 list3 的所有元素合并到 list2 中。

```
list2 = [10,9,8,7]
list3 = ["a","b","c","d"]

list2.extend(list3)

print("list2:",list2)
print("list3:",list3)
```

输出结果为：

```
list2: [10, 9, 8, 7, 'a', 'b', 'c', 'd']
list3: ['a', 'b', 'c', 'd']
```

这里要注意：在 extend()方法中，参数是 list3，也就是把 list3 的所有元素添加到 list2 的末尾。从输出结果来看，成功地实现了想要的功能。同时，list3 的值并没有发生任何改变，这说明 extend()方法仅仅是把 list3 的值复制了一份参与添加操作。

（3）通过列表的 insert()方法可以在列表的指定位置添加新的元素，其语法格式如下所示。

```
list.insert(index, object)
```

在以上代码中，index 是对象 object 需要插入的索引位置，object 则是要插入到列表中的对象。执行代码即可将 object 添加到 list 列表指定的 index 位置上。注意：列表的索引值从 0 开始而不是从 1 开始。

范例程序：在 list2 中，在 7 和 'a' 中间插入一个数字 6。

```
list2 = [10, 9, 8, 7, 'a', 'b', 'c', 'd']
list2.insert(4,6)
```

```
print(list2)
```

输出结果为：

```
[10, 9, 8, 7, 6, 'a', 'b', 'c', 'd']
```

2. 删除列表中的元素

从列表中删除元素，有 pop()方法、del 语句以及 remove()方法。

（1）使用列表的 pop()方法删除列表中的一个元素，并且返回该元素的值。不填写参数时，默认为删除列表中的最后一个元素。pop()方法带返回值，语法格式如下所示。

```
list.pop(index)
```

在以上代码中，index 是一个可选参数，指定需要删除的元素项。如果不带该参数，就默认删除列表中的最后一个元素。

范例程序：将 list2 中最后一个元素删除掉，返回这个被删除的元素值。

```
list2 = [10, 9, 8, 7, 'a', 'b', 'c', 'd']
delet_element = list2.pop()
print(list2)
print("删除的元素为: ",delet_element)
```

输出结果为：

```
[10, 9, 8, 7, 'a', 'b', 'c']
删除的元素为:  d
```

例如，将 list2 中索引为 5 的元素删除。

```
list2 = [10, 9, 8, 7, 'a', 'b', 'c', 'd']
#list2.insert(4,6)
list2.pop(5)
print(list2)
```

输出结果为：

```
[10, 9, 8, 7, 'a', 'c', 'd']
```

（2）使用 del 语句也可以删除列表中的一个元素。del 不带返回值，语法格式如下所示。

```
del list[index]
```

其中，参数 index 为要删除的列表元素对应的索引值。

del 的用法和 pop()方法相似，不同点在于：pop()方法有返回值，del 语句没有返回值。

（3）使用 remove()方法会删除列表中某个值的第一个匹配元素。该方法没有返回值，但是会删除列表中某个值的第一个匹配元素。其语法格式如下所示。

```
list.remove(value)
```

其中，参数 value 为要删除的值，只有列表中匹配的第一个值才会被删除。

范例程序：将 list2 中两个 'c' 中靠前面的那一个删除，第二个会被保留下来。

```
list2 = [10, 9, 8, 7, 'a', 'b', 'c', 'd','c']
```

```
list2.remove('c')
print(list2)
```

输出结果:

```
[10, 9, 8, 7, 'a', 'b', 'd', 'c']
```

除了为列表添加元素、删除列表中的元素这些最基本的操作外,还有修改列表中的元素值、查找列表中的元素等,请参考表 2.6。

表 2.6 列表常用操作汇总表

类型	方法	说明	参数
增	list.append(object)	在列表末尾添加一个新的对象	object 是任意数据类型的元素
	list.extend()	在列表末尾添加列表(即填加多个元素	参数为列表
	list.insert(index, object)	将指定对象插入列表的指定位置	index 是对象 object 要插入的索引位置;object 是要插入到列表中的对象
删	list.pop()	删除列表中的一个元素,并且返回该元素的值	不填写参数时,默认删除列表中的最后一个元素
	list.remove()	函数用于删除列表中某个值的第一个匹配元素	该方法没有返回值,但会删除列表中某个值的第一个匹配元素
	del list[index]	根据 index 索引删除列表中的一个元素	del 不带返回值
改	list[index]=new element	根据索引位置直接赋值即可	
查	list[index]	可以直接根据索引值进行查询	
	list[start:end]	也可以通过遍历索引的方式查询多个元素	
	list.index(obj)	函数用于从列表中找出某个值的第一个匹配元素的索引位置	obj 是查找的对象
	max(list)	返回列表元素中的最大值	list 是要返回最大值的列表
	min(list)	返回列表元素中的最小值	list 是要返回最小值的列表
统计	list.count(obj)	统计某个元素在列表中出现的次数	obj 是列表中统计的对象
	len(list)	统计列表中的元素个数	list 是要计算元素个数的列表
排序	list.sort([func])	该方法(或函数)用于对原列表进行排序	func 是可选参数,如果指定了该参数就会使用该参数指定的方法进行排序
	list.reverse()	用于反转列表中的元素,该方法没有返回值,只是将列表的元素进行逆转	
复制	list.copy()	用于复制列表,类似于 list_copy[:],返回复制后的新列表	
清空	list.clear()	该方法用于清空列表,类似于 del list[:],没有返回值	

表 2.6 列出了对列表进行操作的常用方法,其使用方式大同小异。限于篇幅,这里不再赘

述。有兴趣的读者可以根据表格中的介绍自行实践学习。

2.3.2 元组

元组（Tuple）也是一种特殊的复合类型列表，通过一对括号()来表示。元组与列表最大的不同是：元组一旦被定义之后就不能改变了，同时也不能执行添加、删除、修改这样的操作，只能获取元组中的元素。

元组是常量类型的列表，与列表的最大区别在于：对列表的那些更改自身元素的操作和方法在元组类型中都不支持，元组一旦在内存中创建，就不可被更改，除了这类方法之外，元组的其他方法和列表的方法一样。

由于元组具有不可变的属性，因此代码更安全。如果能用元组代替列表，就尽量用元组。

【范例程序 2-5】创建和访问元组

范例程序 2-5 的代码

```
school=('清华','北大','哈佛','耶鲁')
print("school 为: ",school)
print("元组 school 的长度为: ",len(school))                # 获取元组的长度
print("元组 school 的第一个元素为: ",school[0])            # 获取元组的第一个元素
#获取元组的最后一个元素
print("元组 school 的最后一个元素为: ",school[len(school)-1])
print("元组 school 的最后一个元素为: ",school[-1])#使用索引-1 获取元组的最后一个元素
print("元组 school 的倒数第二个元素为: ",school[-2])#使用索引-2 获取元组的倒数第二个元素
print("元组 school 的第二个元素为: ",school[1])    #获取元组的第二个元素
```

以上代码首先创建一个元组，然后通过索引访问元组的元素，并且使用 len() 方法获取元组元素的个数。把该段代码保存到程序文件 2-5.py 中，执行该程序，将会出现与图 2.11 类似的执行结果。唯一的不同之处是程序 2-4.py 中输出的列表用方括号包括其中的元素，而本例中输出的元组以圆括号包括其中的元素。

2.3.3 字典

字典（Dict）是 Python 中关联型的容器类型。字典的创建使用花括号{}的形式，每一个元素都是一对，并且每对包括 key（键）和 value（值）两部分，即"键-值对"（key-value pair），中间以冒号隔开。

在使用字典时，对于 key 需要注意的是：

（1）key 的类型只能是常量类型。key 必须为常量类型（数值，不能是含有可变类型元素的元组、字符串等），不能用可变类型作为 key。例如，列表不可作为字典的 key，因为 key 必须保持不变，其作用是作为字典的索引值，Python 是根据这个不可变的值去存放数据的。

（2）key 值不能重复。key 值在一个字典中是唯一的，不存在重复的 key 值。这里所说的 key 值是 key 本身的值，而不是"键-值对"中的 value（值）。

与列表相比，字典的优点是查找和插入的速度极快，不会随着 key 的增加而变慢。但缺点也很明显，就是需要占用大量的内存。所以，字典是用空间来换取时间的一种方法。字典可以用在需要高速查找的很多应用中，在 Python 代码中几乎无处不在，正确使用字典类型非常重要。

字典的创建方法如下所示。

```
dict={key:value,key1:value1 ……}
```

以上代码中的 key、key1 就是键（用于索引），value、value1 就是可用键来查找的值。

【范例程序 2-6】创建和使用字典

范例程序 2-6 的代码

```
dict={'name': '张三', 'age': 23, 'gender': '男','work': '农民'}
print(dict)
print("姓名: ",dict['name'])
print("年龄: ",dict['age'])
print("性别: ",dict['gender'])
print("职业: ",dict['work'])
```

以上代码首先创建一个字典，然后通过 key 访问字典中 key 所对应的 value（值）。把该段代码保存到程序文件 2-6.py 中，执行该程序，运行结果如图 2.12 所示。

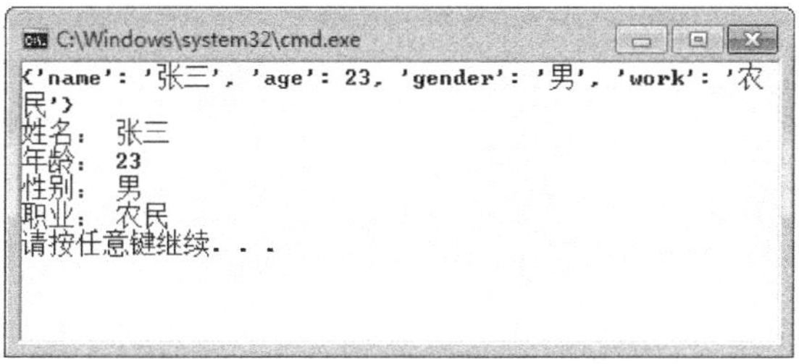

图 2.12　字典的创建与使用

2.3.4　集合

集合类型（Set）是 Python 特有的一种复合类型。集合类型可以用一句话来概括其作用：无序并唯一地存放容器元素的类型。集合类型中可以存放各种类型的对象，存放其中的对象无序，但是不能重复存放相同的对象。集合和字典有类似之处，是一组键的集合，但集合没有对应存储的值。由于键的唯一性，因此在集合中没有重复的键。

集合的创建方法如下所示。

```
>>> a=set([1,2,3])
>>> a
({1, 2, 3}
```

提示　传入 set()的参数[1, 2, 3]是一个列表，而显示的{1, 2, 3}只是告诉用户这个集合内部有 1、2、3 这三个元素，显示的顺序也不表示集合是有序的。

集合可以看成数学中集合的概念：无序和无重复的一组元素。因此，两个集合可以执行数学上集合的交集、并集等运算。而 Python 提供的集合的方法也主要是并、交、差、补、判断子集等。

（1）并就是将两个集合的元素合并在一起，可以用 union()方法或者|运算符进行这种运算。

（2）交就是求两个集合共有的元素，可以用 intersection()方法或者&运算符来进行这种运算。

（3）差就是求一个集合比另一个集合多或者少的元素，可以用 difference()方法或者减法运算符来执行这种运算。

（4）补就是求两个集合中不为交集的元素，可以用 symmetric_difference()方法或者^运算符来执行这种运算。

（5）判断子集，就是判断一个集合是否为另一个集合的子集，可以用 Issubset()方法或者<=运算符来执行这种运算。

【范例程序 2-7】集合的操作

范例程序 2-7 的代码

```
s1=set([1,2,3])
s2=set([2,3,4])
print("s1 为: ",s1)
print("s2 为: ",s2)
print("两个集合的交集为: ",s1&s2)
print("两个集合的并集为: ",s1|s2)
print("两个集合的差为: ",s1-s2)
print("两个集合的补为: ",s1^s2)
```

以上代码创建了两个集合，然后将集合分别输出，之后对两个集合进行差、并、补等运算，并输出结果。把该段代码保持到程序文件 2-7.py 中，执行该程序，结果如图 2.13 所示。

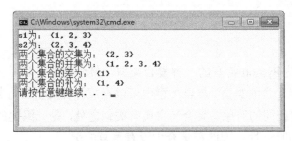

图 2.13　集合的创建与使用

此外，对于集合，还可以调用 add(key)方法与 remove(key)方法添加与删除集合中的元素。这里不再赘述。

2.4 流程控制结构

流程控制结构是所有程序设计语言必备的元素,程序在运行的时候总是会按照一定的顺序来运行,这些顺序怎样用编程语言来描述呢?通过流程控制语句来描述。Python 中一般的流程控制结构有顺序结构、选择结构与重复结构三种。而顺序流程,即是代码从上而下的执行,前面我们给出的范例程序大部分都是顺序流程执行的。本节就 Python 中的选择结构与重复结构(或称为循环结构)这两种流程控制分别做介绍。

2.4.1　选择结构

计算机之所以能完成很多自动化的任务,是因为编写的程序使其可以根据条件判断的结果选择执行不同的操作。在 Python 程序中,用 if 语句可以实现选择结构,其中包含选择执行所需的条件判断表达式。If 语句的语法格式如下所示。

```
if 条件判断表达式:
    语句 1
else :
    语句 2
```

当条件判断表达式的结果为 True 时,执行语句 1;当条件判断表达式的结果为 False 时,执行语句 2。

 根据 Python 的语法规则,Python 中不以花括号来确定语句区块的边界,而是以同样的缩进格式来确定同一个语句区块起止。在其他程序设计语言中缩进并不是必需的,主要只是为了让代码更加清晰、可读。而在 Python 语言中,缩进格式用于确定了语句区块,所以以上代码中的缩进是必不可少的。

下面的范例程序用于说明条件判断语句是如何工作的。

【范例程序 2-8】选择结构——条件判断语句的使用

从键盘读取一个数字并检查这个数字是否小于 100。
分析这个问题:

(1)从键盘读取一个数字:可以使用 input()函数。
(2)将这个数字和 100 比较:这里需要一个判断大小的 if-else 选择结构。
(3)输出结果:根据条件判断的结果输出不同的结果。

范例程序 2-8 的代码

```
number = int(input("输入一个数字: "))
if number < 100:
```

```
        print("输入的数字是：",number,"这个数字小于100！")
else:
        print("输入的数字是：",number,"这个数字不小于100！")
```

> input()函数从键盘读取的内容默认是字符串。要将字符串和数字进行比较，必须将字符串强制转换为数字类型。这里使用 int()将括号里 input()函数读取到的字符串强制转换为一个整数，然后再进行比较。

接下来是一个 if-else 结构，if 条件成立时，即这个数字小于 100 时，执行 if 条件下的语句，输出"这个数字小于 100"。同理，当 if 条件不成立时，执行 else 条件下的语句，输出"这个数字不小于 100"。

将以上代码保存到程序文件 2-8.py 中，执行该程序并输入不同的数字，结果如图 2.14 与图 2.15 所示。

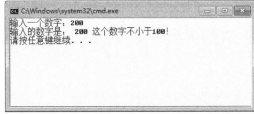

图 2.14　使用条件判断 I　　　　　　图 2.15　使用条件判断 II

除了普通的 if-else 选择结构之外，Python 还支持 if-elif-elif ……else 结构，即更多的分支判断，其语法结构如下所示。

```
if 条件判断表达式1：
    语句 1
elif 条件判断表达式2：
    语句 2
elif 条件判断表达式3：
    语句 3
……
elif 条件判断表达式N：
    语句 N
else：
    语句 N+1
```

在以上代码中，若条件判断表达式成立，则会执行其下对应的程序语句；若条件判断表达式均不成立，则执行最后 else 后对应的语句。

2.4.2　重复结构（循环结构）

重复结构是流程控制中一种重要的结构，重复结构也就是我们常说的循环结构，循环结构通过循环语句来实现。循环语句允许用户执行一条语句或多条语句多次。对于机械重复的运算，就可以使用循环语句。Python 提供了几个不同的循环语句，最主要的有 for 和 while 语句。

Python 的 for 语句依据任意序列（列表或字符串）中的元素，按这些元素在序列中的顺序来进行迭代。for 语句的语法格式如下所示。

```
for iterating_var in sequence:
    statements(s)
```

代码中 iterating_var 为重新申明的变量，sequence 为一个序列，statements(s)是需要重复执行的语句。

下面通过一个范例程序来说明 for 循环是如何工作的。

【范例程序例 2-9】使用 for 循环对序列进行迭代输出

范例程序 2-9 的代码

```
school=['清华','北大','哈佛','耶鲁']
for i in school:
    print("当前学校是：",i)
```

以上代码首先创建一个列表，然后通过 for 循环对列表进行迭代，并输出列表的每个元素。将这段代码保存到程序文件 2-9.py 中，执行该程序，结果如图 2.16 所示。

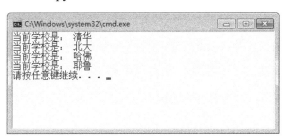

图 2.16　使用 for 循环

如果想要使用 for 循环执行指定的次数，可以配合使用 range()函数。range()函数的语法格式如下所示。

```
range(start, stop[, step])
```

其参数意义如下：

- start: 计数从 start 开始，默认是从 0 开始。例如，range(5)等价于 range(0,5)。
- stop: 计数到 stop 结束，但不包括 stop。例如，range(0,5)是[0, 1, 2, 3, 4]，没有 5。
- step: 步长，默认为 1。例如，range(0,5)等价于 range(0, 5, 1)。

执行 range()将会创建一个整数列表。

【范例程序 2-10】使用 for 循环配合 range()执行指定的次数

范例程序 2-10 的代码

```
for i in range(10):
```

```
    for j in range(i):
        print("*",end="")
    print("")
```

以上代码通过双层 for 循环输出不同数量的星号来绘制一个三角形。将这段代码保存到程序文件 2-10.py 中，执行该程序，运行结果如图 2.17 所示。

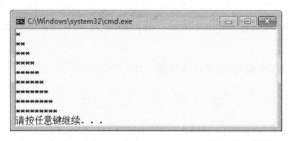

图 2.17　使用 for 循环配合 range()输出内容

除了 for 语句，Python 还支持 while 循环语句。与 for 用于迭代不同，while 循环是在满足一定条件时持续执行循环体内的语句，直到条件不成立时才跳出整个循环体。While 语句的语法格式如下所示。

```
while 条件判断表达式:
    执行语句……
```

由于 while 循环的这种特性，因此在循环体内需要有条件判断表达式不成立的情况，否则循环就会一直持续下去，就成"死循环"了。在实际编程中应避免死循环的出现。

【范例程序 2-10】求 N 个整数的平均值

分析问题：

（1）首先从键盘读取 N 个整数：使用 input()函数，强制转成 int 类型。

（2）每次读取到的整数需要累加起来，获得总和：定义变量 sum，存储累加的总和。

（3）除以 N，可得平均值：定义变量 average 存储平均值，average = sum / N。

（4）将 N 输出、sum 输出、Average 输出。

 这里连续输出 N 个数字，要用到 while 循环语句。

范例程序 2-10 的代码

```
N = 10
sum = 0
count = 0
while count < N:
    number = int(input())
    sum = sum + number
    count = count +1
```

```
average = sum /N
print("N = {},sum = {}".format(N,sum))
print("Average = {}".format(average))
```

 print()函数在输出字符串时，使用 print("hello，world！")的方式，而在输出数字时要调用 format 这个方法。

以上代码先定义了几个变量，然后通过循环获取用户每次的输入，同时计算相应的数值，最后将计算结果输出。将这段代码保存到程序文件 2-11.py 中，执行该程序，结果如图 2.18 所示。

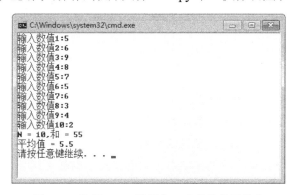

图 2.18　使用 while 循环求 N 个整数的平均值

2.5　小结

本章介绍了 Python 的基础语法，主要讲解了数据类型、变量、运算符、列表、字典、元组、集合等基础内容，同时也介绍了条件判断语句（选择结构）与循环语句（重复结构）这两种流程控制结构的语句。在下一章中，将会为读者介绍 Python 中的函数。

第 3 章

◄ 函　数 ►

函数是 Python 编程中最关键、最常用的基本组成单元之一。函数能够将程序设计中纷繁复杂的诸多需求简化为一个个基本的功能模块，这些模块可以被重复调用，让程序的逻辑更加清晰，编程的效率更高。

本章涉及的知识点有：

- 函数的定义：了解函数、学会定义函数
- 函数三要素：了解函数名、参数表、返回值
- 函数功能：学会编写函数、实现函数的功能
- 调用函数：学会在程序中调用函数、顺利使用函数解决问题

3.1　认识函数

本节首先介绍函数的基本概念。学习这些概念是使用函数编写程序的基础，只有掌握了这些概念，才能在今后使用函数时得心应手。

3.1.1　什么是函数

欲认识函数，首先要看其定义。函数是组织好的、可重复使用的、用来实现单一或相关联功能的代码段。从这里可以看出，函数是人为组织编写的代码段，用来实现编写者希望达到的功能。函数这个概念来自于最初面向过程的程序设计语言，也源于结构化程序设计的要求，在面向对象的程序中，函数（Function）在很多时候也被称为方法（Method），在本书中，函数和方法的表述在大多数情况下可以相互替换。

Python 标准库中存在大量已经由 Python 内部编写好的函数，这类函数可以直接调用。比如上一章介绍的用来获取列表长度的函数 len()，以及用来获取用户输入的函数 input()等。这类已经由 Python 定义好的函数叫作内部函数。

内部函数可以直接使用，无须定义与声明。

Python 的内部函数按其应用范围可以分为数学运算类、集合运算类、逻辑判断类、I/O 操作类和其他类等。在实际编程时，编程人员可以根据需要使用相关的内部函数，往往可以起到事半功倍的效果。

3.1.2 创建函数

虽然 Python 中有很多内部函数，但是内部函数的数量毕竟有限。有时编程人员有自己的特殊需求，而内部函数无法满足时就需要编写自定义函数。

在 Python 中要使用自定义函数，首先需要创建函数。在 Python 中创建一个函数，要使用 def 关键字。格式如下：

```
def 函数名(参数表)：
    函数体
return 返回值
```

通过以上代码就可以完成一个函数的创建，然后在需要执行的地方通过函数名调用函数即可。其中的参数表与返回值将在下一节详细介绍。

下面通过一个范例程序来说明如何创建函数。

【范例程序 3-1】创建自定义函数

范例程序 3-1 的代码

```
def my_fun():               # 定义函数
    print("hello world!")   # 函数体
my_fun()                    # 调用函数
my_fun()                    # 调用函数
```

以上代码使用 def 创建了一个函数，函数体中只有一个输出语句，之后分两次调用函数。将以上这段代码保存到程序文件 3-1.py 中，执行该程序，结果如图 3.1 所示。

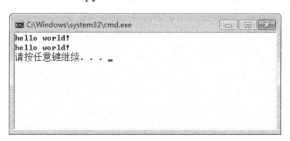

图 3.1　自定义函数的运行结果

虽然这个函数过于简单，但还是演示了函数在一处定义、多处调用的特点。在实际的程序设计过程中，对于需要实现的相同功能，如果每次都重复编写相同的代码，编程就会十分烦琐和低效，而通过自定义函数的编程方式则会大大提高编程的效率。

3.2　使用函数

上一节介绍了 Python 中的函数，并且通过范例程序说明了如何定义和调用函数。由于只是为了演示函数的定义及调用方法，略过了函数的参数与返回值部分。本节将详细介绍自定义函数的参数和返回值。

3.2.1　参数

参数是调用函数时传递到函数体内部的数据或信息。参数并不是必需的,根据实际的需要,有的函数需要参数,有的函数不需要参数。比如,范例程序 3-1 中创建的函数就不需要参数,而更多的函数是需要参数的。

下面对范例程序 3-1 做一下改动,以演示调用函数时是如何通过参数向函数体内部传递数据或信息的。

【范例程序 3-2】具有参数的函数

范例程序 3-2 的代码

```
def my_fun(str):                        # 定义函数
    print(str)                          # 函数体
my_fun("hello world!")                  # 调用函数
my_fun("世界,你好! ")                   # 调用函数
```

以上代码与范例程序 3-1.py 的不同之处就是使用了一个参数,在函数体内直接将参数输出。在调用函数时指定参数的内容,这样函数就会将以参数方式传入的指定内容输出。将这段代码保存到程序文件 3-2.py 中,执行该程序,结果如图 3.2 所示。

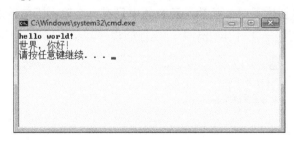

图 3.2　调用带参数的函数

如果函数定义时包含了参数的定义,而在调用时却没有为函数提供参数,就会出现错误。如果将程序 3-2.py 中调用函数时的参数去掉,将会出现如图 3.3 所示的结果。

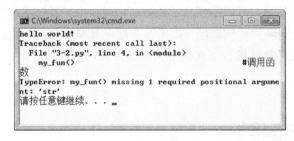

图 3.3　缺少参数而引发的错误提示信息

为了避免调用时因为缺少参数值而出现错误,在定义函数时可以为参数指定默认值。有了参数的默认值,再调用函数时,如果为参数提供了相应值,就会使用提供的值;如果未提供参

数值，函数执行时就会使用参数的默认值。

【范例程序 3-3】使用函数参数的默认值

范例程序 3-3 的代码

```
def my_fun(str="none"):          # 定义函数
    print(str)                   # 函数体
my_fun("hello world!")           # 调用函数时提供参数值
my_fun()                         # 调用函数时未提供参数值
```

以上代码为参数指定了默认值"none"，这样当函数被调用时，如果指定了参数值，函数就会输出指定的参数值的内容；如果没有指定参数值，函数就会使用函数定义时为参数设置的默认值 none。

下面通过一个范例程序来巩固前面学习的有关参数的内容。

【范例程序 3-4】使用函数判断一个年份是否为闰年

范例程序 3-4 的代码

```
def is_leapyear(year=2000):                          # 定义函数
    if (year % 4) == 0:
        if (year % 100) == 0:
            if (year % 400) == 0:
                print("{0} 是闰年".format(year))      # 整百年能被 400 整除的是闰年
            else:
                print("{0} 不是闰年".format(year))
        else:
            print("{0} 是闰年".format(year))          # 非整百年能被 4 整除的为闰年
    else:
    print("{0} 不是闰年".format(year))
is_leapyear(2019)
is_leapyear(2020)
is_leapyear()
```

以上代码创建了一个自定义函数，用于判断指定年份是否为闰年。之后通过不同的参数调用该函数，函数会根据参数的不同输出相应的结果。将这段代码保存到程序文件 3-4.py 中，执行该程序，结果如图 3.4 所示。

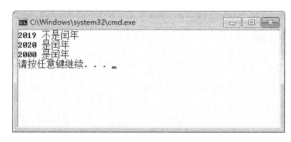

图 3.4　判断是否为闰年

3.2.2 返回值

返回值是执行函数所返回的结果。Python 中使用 return 语句来返回函数的返回值。return 语句表示退出函数，同时也可以将函数的返回值赋给指定的变量。跟参数一样，返回值也不是必需的，编程人员可以根据实际情况为函数添加返回值。

下面通过一个范例程序来说明如何为函数指定返回值。

【范例程序 3-5】自定义求一个非负整数的阶乘的函数

范例程序 3-5 的代码

```
def factorial(num):                    # 自定义函数
    if num==0:                         # 如果参数为 0
        return 1                       # 返回 1
    else:                              # 如果参数大于 0
        s=1                            # 定义变量
        for i in range(1,num+1):       # 开始从 1 到 n+1 循环
            s=s*i                      #上一次的结果累乘以循环变量
        return s                       # 返回最终结果
print("0 的阶乘是: ",factorial(0))      # 调用函数，求 0 的阶乘
print("1 的阶乘是: ",factorial(1))      # 调用函数，求 1 的阶乘
print("4 的阶乘是: ",factorial(4))      # 调用函数，求 4 的阶乘
print("10 的阶乘是: ",factorial(10))    # 调用函数，求 10 的阶乘
```

以上代码创建了一个自定义函数，用于求指定非负整数的阶乘，并将最终的阶乘结果用 return 语句返回。之后通过不同的参数值来调用该函数，函数会根据参数值的不同，输出相应的阶乘结果。将这段代码保存到程序文件 3-5.py 中，执行该程序，结果如图 3.5 所示。

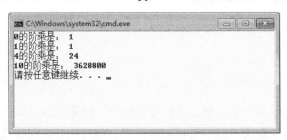

图 3.5　求一个数的阶乘

有时函数的返回值不只是一个值或者一种结果，有时甚至需要函数返回一组值。在这种情况下，将列表作为函数的返回值即可。

下面的范例程序说明了如何让一个函数具有多个返回值（其实是返回列表）。

【范例程序 3-6】具有多个返回值的函数

范例程序 3-6 的代码

```
def my_fun(s):
```

```
    result=[]                           # 定义空列表
    for i in s:                         # 遍历参数字符串
        if i not in result:             # 如果当前字符不在结果中
            result.append(i)            # 将当前字符添加到结果
    return result                       # 返回结果
print("hello world: ",my_fun("hello world"))
print("welcome to china: ",my_fun("welcome to china"))
```

以上代码创建了一个自定义函数，用于查看一个长字符串都由哪些字符组成。函数的返回值为一个列表，程序的执行逻辑是遍历字符串，如果字符不存在于作为结果的列表中，就将这个字符添加到结果列表中。最后将列表作为函数返回值返回函数的调用者。将这段代码保存到程序文件 3-6.py 中，执行该程序，结果如图 3.6 所示。

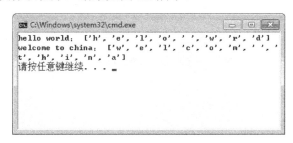

图 3.6　函数具有多个返回值

3.2.3　函数的递归

函数的定义与使用还有一种特殊情况，就是使用函数调用函数自身，这种情况就是函数的递归。使用函数递归可以更加简洁、高效地解决问题，比如经典的斐波那契数列使用函数的递归，就可以快速方便地求出数列的各个数据项。

斐波那契数列是这样一种数列：数列的前两项为 1，从第三项开始，其后每一项是其前面两项之和，大致如 1、1、2、3、5、8、13、21、34……使用递归思想就可以快速地求解数列中的后续各个项的值。

下面通过一个范例程序来说明如何使用函数的递归来求解斐波那契数列的各项。

【范例程序 3-7】使用函数的递归来求解斐波那契数列的各项

范例程序 3-7 的代码

```
def Fibonacci(num):                                # 定义函数
    if num==1 or num==2:                           # 如果为开始两项
        return 1                                   # 返回 1
    else:                                          # 如果不是开始两项
        return Fibonacci(num-1)+Fibonacci(num-2)   # 递归调用返回前面两项之和
for i in range(1,12):
    print("斐波那契数列第",i,"个元素为: ",Fibonacci(i)) # 通过循环调用函数
```

以上代码创建了一个自定义函数，用于计算斐波那契数列的第 N 项，其中使用了函数的递归，即在函数中调用函数本身。使用函数的递归时注意不能无限递归，即递归得有终止的条件，换句话说必须有退出递归调用的出口。

把以上代码保存到程序文件 3-7.py 中，执行该程序，结果如图 3.7 所示。

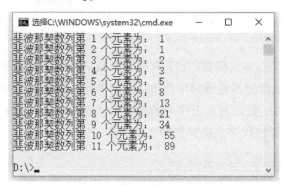

图 3.7　使用函数的递归求解斐波那契数列的各项

3.3　实践一下

前两节介绍了 Python 函数的相关知识，本节将通过两个范例程序来巩固函数相关的知识，以实践的方式使用自定义函数来解决实际问题。

3.3.1　实践一：编写一个函数

对于初学者来说，要想编写出一个合格的程序，首先要建立编写程序的规范思维。要知道程序的逻辑并不是在编写的那一刻才产生，而是在编程人员思考时就已产生了，而后只是借助于某种程序设计语言来实现这种思考时产生的逻辑。

编写一个函数的思考步骤：

（1）明确函数功能，画出流程图。
（2）根据流程图精简各个模块。
（3）对模块内容写出伪代码。
（4）套用语法格式，将伪代码转化为可运行的程序代码。

【范例程序 3-8】编写一个函数判断用户传入的对象（元组、列表、字符串）长度是否大于 5。

明确传入对象存储在哪个变量（列表、元组、字符串）：

```
func1 = ['Hello Python',1,'第一个函数练习',2,3,'啊']
func2 = ['I Love Object']
```

通过循环检测对象的长度，每找到一个元素长度就加 1，直至循环结束：

```
for i in function:
    count = count + 1
```

将总长度存储在长度变量中。

范例程序 3-8 的代码

```
def length(function):
    count = 0
    for i in function:
        count = count +1
    if count>5:
        print("您传入的对象长度大于 5")
    else:
        print("您传入的对象长度不大于 5")
func1 = ['Hello Python',1,'第一个函数练习',2,3,'啊']
func2 = ['I Love Object']
length(func1)          #判断 func1 的长度
length(func2)          #判断 func2 的长度
```

在这个程序中，最关键的步骤是一个循环，用于判断对象的长度。在循环过程中，每次碰到一个元素则 count 加 1。

执行这个程序，结果如图 3.8 所示。

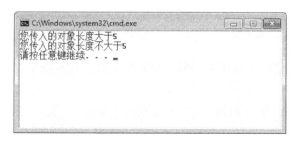

图 3.8　自定义函数用来判断对象的长度

3.3.2　实践二：遍历与计数

【范例程序 3-9】提取列表或元组对象中奇数位置的元素

函数检查传入的列表或元组对象，把所有奇数位置对应的元素，加入到新列表并返回给函数的调用者。

循环遍历列表或元组，并对其中的元素进行计数。

```
for i in function:
    count = count +1
```

判断是否在奇数位置，如果是奇数位置，就放入 func1 中：

```
if count % 2 == 0:
    func1.append(i)
```

范例程序 3-9 的完整代码

```
def get_odd(function):
    count = 0
    func1 = []
    for i in function:
        count = count+1
        if count%2 == 0:        # 判断是否为奇数位置
            func1.append(i)
    print(func1)
function = ['1','hello',1,'python',2,'study']
get_odd(function)
```

执行这个程序，结果如图 3.9 所示。

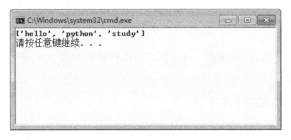

图 3.9　编写自定义函数用于返回列表或元组奇数位置的元素

看到这里，读者可能会有些费解，明明是奇数位置的元素输出，为什么输出的结果不是 ['1',1,2]。这就涉及列表和元组索引的知识，因为索引的起始值从 0 开始，以 function = ['1', 'hello', 1, 'python', 2, 'study']为例，function[0] = '1'，function[1] = 'hello'，以此类推，function[5] = 'study'。

3.4　小结

本章主要讲解了函数的定义和调用，通过几个具体的范例程序解释了函数的参数、返回值以及函数的递归调用等内容。在3.3节通过实际编写两个简单的函数来巩固本章所学的知识点，帮助读者学会分析问题，编写好代码，为以后的学习打下扎实的基础。

第 4 章

◀ lxml模块和XPath语法 ▶

前面三章向读者介绍了 Python 的相关基础知识，从本章开始介绍使用 Python 进行爬虫操作的相关知识。本章首先介绍 XPath 语法和 lxml 模块。XPath 是一门在 XML 文档中查找信息的语言。XPath 可用来在 XML 文档中对元素和属性进行遍历。XPath 是 W3C XSLT 标准的主要元素，并且 XQuery 和 XPointer 都构建于 XPath 表达之上。因此，对 XPath 的理解是很多高级 XML 应用的基础。

lxml 是一个 HTML/XML 的解析器，主要功能是如何解析和提取 HTML/XML 数据。

本章主要涉及的知识点有：

- 了解 lxml 模块
- 学会 lxml 模块在 Python 中的用法
- 认识 XPath 语法
- 了解 XPath 语法在 Python 爬虫中如何使用
- 跟随范例程序的指导，学会简单地爬取网站

4.1 lxml 模块

本节将介绍 Python 模块的基础知识，以及 lxml 模块的相关内容。lxml 模块是一个 HTML/XML 解析器，主要功能是解析和提取 HTML/XML 格式的数据。

4.1.1 什么是模块

虽然 Python 已经定义了基本库，但是实际应用场合的需求也是千差万别的，不可能全部覆盖，例如在某些特定场合需要编程人员自己创建相应的功能代码，以实现特定的功能。Python 模块（Module）是一个 Python 程序文件，以.py 结尾，其中包含了 Python 对象的定义和 Python 程序语句。模块让编程人员能够有逻辑地组织所需要的 Python 代码段。

把相关的代码分配到一个模块里能让我们的代码更好用、更易懂。模块能定义函数、类和变量，也能包含可执行的代码。模块是为实现特定功能而专门编写的 py 程序文件。编程人员

可以通过导入模块文件的方式直接使用其中的类、函数和变量，轻松实现特定的功能。

4.1.2　关于 lxml 模块

lxml 是 Python 的一个解析库，支持 HTML 和 XML 的解析，支持 XPath 解析方式，而且解析效率非常高。

XPath（XML Path Language，XML 路径语言）是一门在 XML 文档中查找信息的语言，最初是用于搜索 XML 文档，但是它同样适用于 HTML 文档的搜索。

XPath 的选择功能十分强大，它提供了非常简明的路径选择表达式。另外，它还提供了超过 100 个内建函数，用于字符串、数值、时间的匹配以及节点、序列的处理等，几乎所有我们想要定位的节点都可以用 XPath 来选择。

4.1.3　lxml 模块的安装

Python 模块种类繁多，可以实现各种各样的功能。要使用模块，首先需要正确安装相应的模块。本小节将介绍如何安装 lxml 模块。

安装 Python 模块，最简单的方法就是使用 pip 来安装。pip 是 Python 包管理工具，提供了对 Python 包的查找、下载、安装、卸载的功能。最新的 Python 都默认安装了 pip 工具。

查看 Python 安装目录下的 Scripts 目录，如果该目录下有 pip3.exe，就说明 pip 已经安装好了，直接使用 pip 来安装相应的模块即可。

首先单击 Windows 的"开始"菜单，从中选择"运行"菜单项，随后在运行窗口中输入 cmd 命令，如图 4.1 所示。

图 4.1　在运行窗口输入 cmd 命令

单击图 4.1 所示窗口中的【确定】按钮，将进入命令行提示符，直接在命令行提示符中输入如下命令：

```
pip3 install lxml
```

运行结果如图 4.2 所示。

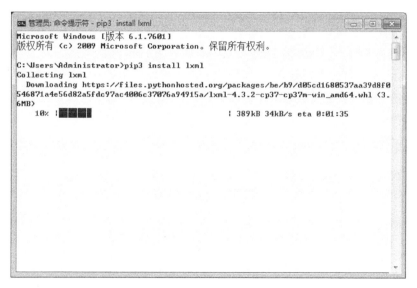

图 4.2　执行 pip3 安装 lxml 模块

　　然后将会自动下载并部署与本机 Python 版本相适应的 lxml 模块。下载安装完成后会出现安装成功的提示，如图 4.3 所示。

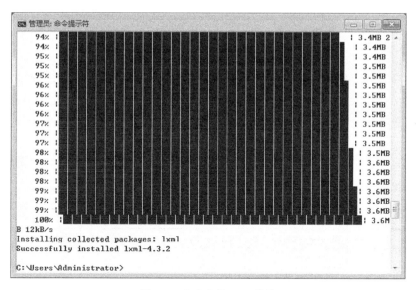

图 4.3　成功安装 lxml 模块

　　出现如图 4.3 所示的成功安装提示，说明 lxml 模块已经成功安装。这时，编程人员可以在 Python 程序中尝试导入 lxml 模块，程序代码如下所示。

```
import lxml
```

　　只要没有错误提示，就说明成功安装了 lxml 模块，后面编程就可以正常调用这个模块中的功能了。

4.1.4 lxml 库的用法

在上小一节中介绍了如何安装 lxml 模块，下面介绍 lxml 库的用法。

要使用 lxml 库，首先需要导入 lxml 模块。这里可以使用 from 语句，编程人员可以从模块中导入指定的子模块，也就是把指定子模块导入到当前程序的作用域。使用 from 语句即可，它的语法格式如下所示。

```
from lxml import etree
```

这句程序代码只是导入 lxml 模块中的 etree 类，而后在引用这个类时就不用在前面添加模块名了。

导入之后就可以调用 etree 类的方法对指定的 XML 文件或者 HTML 字符串进行解析。

4.2 XPath 语法

本节首先介绍 XPath 语法的基本概念，而后介绍 XPath 语法，让读者对爬虫应用有更深层的了解。

4.2.1 基本语法

在 XPath 中，有 7 种类型的节点：元素、属性、文本、命名空间、处理指令、注释以及文档（根）节点。XML 文档是被作为节点树来进行处理的。树的根被称为文档节点或者根节点。

XPath 的常用规则如表 4.1 所示。

表 4.1 基本语法表

表达式	说明
nodename	选取此节点的所有子节点
/	从根节点选取
//	从文档中选择匹配当前节点的节点，而不考虑它们的位置
.	选取当前节点
..	选取当前节点的父节点
@	选取属性
*	通配符，选择所有元素节点与元素名
@*	选取所有属性
[@attrib]	选取具有指定属性的所有元素
[@attrib='value']	选取指定属性具有匹配值的所有元素
[tag]	选取所有具有指定元素的直接子节点
[tag='text']	选取所有具有指定元素并且文本内容是 text 的节点

XPath 有以下几种节点关系：

- 父（Parent）节点：每个元素以及属性都有一个父节点。
- 子（Children）节点：元素节点可有零个、一个或多个子节点。
- 兄弟（Sibling）节点：拥有相同父节点的节点。
- 先辈（Ancestor）节点：某节点的父节点的父节点，等等。
- 后辈（Descendant）节点：某个节点的子节点的子节点，等等。

4.2.2　基本操作

上一小节简要介绍了 XPath 的基本语法，以及元素、属性、文本等内容。本小节来介绍 XPath 的基本操作。

首先来看一个最简单的例子，使用 XPath 读取文本将其解析为一个 XPath 对象，并将其打印出来。

【范例程序 4-1】使用 XPath 解析字符串

范例程序 4-1 的代码

```
from lxml import etree                          # 导入 lxml
text='''
<div>
    <ul>
        <li class="item-1"><a href="link1.html">第一个</a></li>
        <li class="item-2"><a href="link2.html">second item</a></li>
        <li class="item-3"><a href="link3.html">a 属性</a>
    </ul>
</div>
'''                                             # 定义字符串
html=etree.HTML(text)                           # 初始化生成一个 XPath 解析对象
result=etree.tostring(html,encoding='utf-8')    # 解析对象输出代码
print(type(html))
print(type(result))
print(result.decode('utf-8'))
```

以上代码首先导入 lxml 库，然后定义了一个长的跨行字符串，再调用 etree 对象的 HTML() 方法将定义的字符串转化为一个 XPath 解析对象，之后调用 etree 对象的 tostring() 方法解析对象并输出代码，最后分别输出 html 的类型、result 的类型，以及经过转码后的内容。将以上代码保存到程序文件 4-1.py 中，执行该程序，结果如图 4.4 所示。

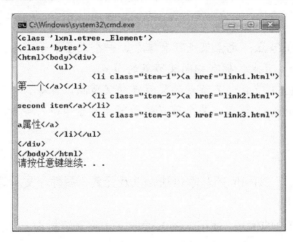

图 4.4　使用 XPath 解析字符串

查看图 4.4 的执行结果可以发现，html 是属于类 lxml.etree._Element 的对象，result 是属于类 bytes 的对象，最后是输出的转码后的内容。

> bytes 对象是由单个字节作为基本元素（8 位，取值范围为 0~255）组成的序列，为不可变对象。bytes 对象只负责以二进制字节序列的形式记录所需记录的对象，至于该对象到底表示什么（比如到底是什么字符）则由相应的编码格式解码所决定。

XPath 中的谓语用来查找某个特定的节点或者包含某个指定值的节点。谓语被嵌在方括号中来使用。

在表 4.2 中，我们列出了带有谓语的一些路径表达式以及表达式的结果。

表 4.2　谓词表

路径表达式	结果
/bookstore/book[1]	选取属于 bookstore 子元素的第一个 book 元素
/bookstore/book[last()]	选取属于 bookstore 子元素的最后一个 book 元素
/bookstore/book[last()-1]	选取属于 bookstore 子元素的倒数第二个 book 元素
/bookstore/book[position()<3]	选取最前面的两个属于 bookstore 元素的子元素的 book 元素
//title[@lang]	选取所有拥有名为 lang 的属性的 title 元素
//title[@lang='eng']	选取所有 title 元素，且这些元素拥有值为 eng 的 lang 属性
/bookstore/book[price>35.00]	选取 bookstore 元素的所有 book 元素，且其中的 price 元素的值必须大于 35.00
/bookstore/book[price>35.00]/title	选取 bookstore 元素中的 book 元素的所有 title 元素，且其中的 price 元素的值必须大于 35.00

XPath 通配符可用来选取未知的 XML 元素：

```
/bookstore/*
```

选取 bookstore 元素的所有子元素。

```
//*
```

选取文档中的所有元素。

```
//title[@*]
```

选取所有带有属性的 title 元素。

通过在路径表达式中使用"|"运算符，可以选取若干个路径。

```
//book/title
//book/price
```

选取 book 元素的所有 title 和 price 元素。

```
//title
//price
```

选取文档中的所有 title 和 price 元素。

```
/bookstore/book/title
//price
```

选取属于 bookstore 元素的 book 元素的所有 title 元素，以及文档中所有的 price 元素。

转换 xml。

```
import lxml        #首先要先导入 lxml 模块
etree.HTML()        #这个就是转换为 XML 的 Python 的语法，HTML 括号内填入目标站点的源码
```

 在运用到 Python 抓取时要先转换为 xml。

本小节主要介绍了 XPath 语法的基本内容以及操作。接下来介绍一下 lxml 库的用法。

4.2.3　lxml 库的用法

前面两小节介绍了 XPath 的基本语法与基本操作，本节介绍一下 lxml 库的用法。

范例程序 4-1 解析了 HTML 字符串。lxml 除了可以解析 HTML 字符串外，还可以解析 HTML 文件。下面的范例程序将说明如何使用 lxml 解析 HTML 文件。

【范例程序 4-2】使用 XPath 解析 HTML 文件，即调用 parse()方法来解析文件（文件名：text.xml ）

```
<div>
    <ul>
        <li class="item-0"><a href="link1.html">first item</a></li>
        <li class="item-1"><a href="link2.html">second item</a></li>
        <li class="item-inactive"><a href="link3.html"><span
class="bold">third item</span></a></li>
        <li class="item-1"><a href="link4.html">fourth item</a></li>
```

```
            <li class="item-0"><a href="link5.html">fifth item</a></li>
      </ul>
</div>
```

将以上代码保存为 text.xml，备用。

范例程序 4-2 的代码

```
from lxml import etree
htmlEmt = etree.parse('text.xml')              # 调用 etree 的 parse()方法解析 XML 文件
result = etree.tostring(htmlEmt, pretty_print=True) # pretty_print：优化输出
print(result)                                   # 输出
```

以上代码首先导入 lxml 模块中的 etree 类，然后调用 etree 类的 parse()方法从一个 XML 文件解析一个对象，然后优化输出解析的内容。将以上代码保存到程序文件 4-2.py 中，执行该程序，结果如图 4.5 所示。

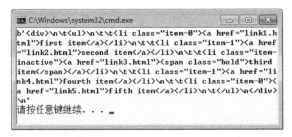

图 4.5 使用 lxml 解析 XML 文件

4.2.4 XPath 范例程序测试

本小节在前面介绍的 XPath 语法的基础上，通过范例程序来测试一下。使用 XPath 不同语句获取到不同的内容，为后续的网络爬取做好准备。其中的操作仍然是基于上一小节所创建的 text.xml 文件。

【范例程序 4-3】获取所有的 <li> 标签

范例程序 4-3 的代码

```
from lxml import etree
htmlEmt = etree.parse('text.xml')          # 获取文件元素
result = htmlEmt.xpath('//li')             # 获取所有的 <li> 标签
print(result)                              # 输出所有内容
print(len(result))                         # 获取标签数量
print(result[0])                           # 取出第一个 li 标签
```

以上代码通过调用 etree._Element 对象的 xpath()方法，在其中添加参数 "//li" 以获取所有的<li>标签，然后输出结果的内容、数量以及第一项的内容。将这段代码保存到程序文件 4-3.py 中，执行该程序，结果如图 4.6 所示。

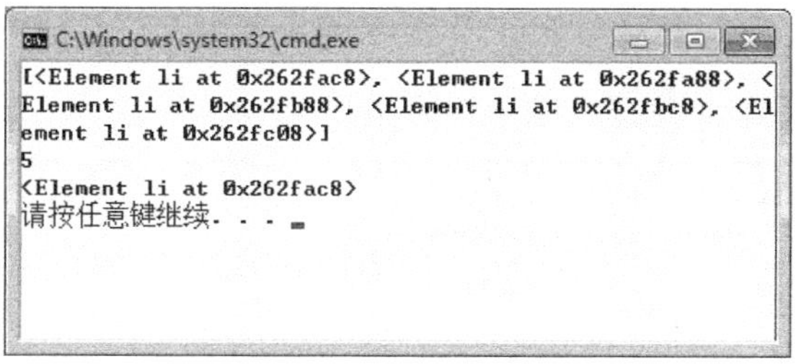

图 4.6　获取所有的<li>标签

【范例程序 4-4】获取<li> 标签的所有 class

将程序 4-3.py 中的 xpath()语句修改为以下代码：

```
result = htmlEmt.xpath('//li/@class')
```

以上代码中的参数//li/@class 表示获取 li 标签下的所有 class 属性。将修改后的代码保存到程序文件 4-4.py 中，执行该程序，结果如图 4.7 所示。

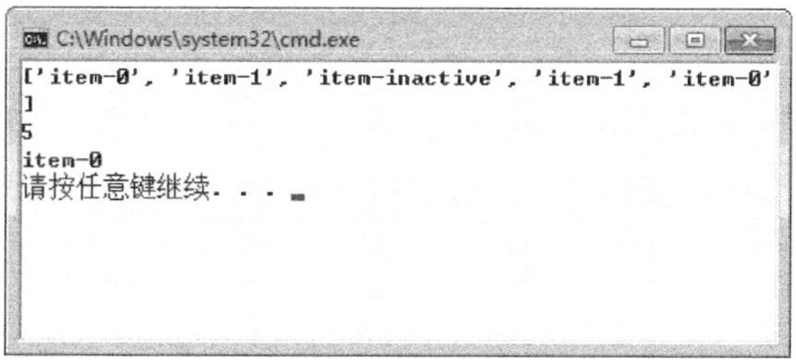

图 4.7　获取<li>标签的所有 class

【范例程序 4-5】获取<li>标签下 href 为 link1.html 的<a>标签

将程序 4-3.py 中的 xpath()语句修改为以下代码：

```
result=htmlEmt.xpath('//li/a[@href="link1.html"]')
```

以上代码中的参数//li/a[@href="link1.html 表示获取<li>标签下 href 为 link1.html 的<a>标签。将修改后的代码保存到程序文件 4-5.py 中，执行该程序，结果如图 4.8 所示。

图 4.8　获取<li>标签下 href 为 link1.html 的<a>标签

【范例程序 4-6】获取 <li> 标签下的所有 <span> 标签

将程序 4-3.py 中的 xpath()语句修改为以下代码：

```
result = htmlEmt.xpath('//li//span')
```

以上代码中的参数//li//span 表示获取<li>标签下的所有<span>标签。将修改后的代码保存到程序文件 4-6.py 中，执行该程序，结果如图 4.9 所示。

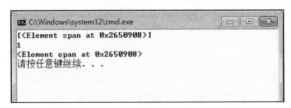

图 4.9　获取 <li> 标签下的所有 <span> 标签

 因为/是用来获取子元素的，而<span>并不是<li>的子元素，所以要用双斜杠。

【范例程序 4-7】获取不包括<li>标签本身的 class

将程序 4-3.py 中的 xpath()语句修改为以下代码：

```
result = htmlEmt.xpath('//li/a//@class')
```

以上代码中的参数//li/a//@class 表示获取不包括<li>标签本身的 class。将修改后的代码保存到程序文件 4-7.py 中，执行该程序，结果如图 4.10 所示。

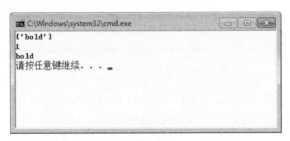

图 4.10　获取不包括 <li> 标签本身的 class

【范例程序 4-8】获取最后一个<li>标签的<a>标签的 href

将程序 4-3.py 中的 xpath()语句修改为以下代码：

```
result = htmlEmt.xpath('//li[last()]/a/@href')
```

以上代码中的参数//li[last()]/a/@href 表示获取最后一个<li>标签的<a>标签的 href。将修改后的代码保存到程序文件 4-8.py 中，执行该程序，结果如图 4.11 所示。

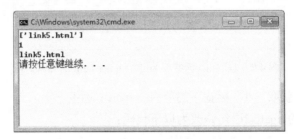

图 4.11　获取最后一个 <li> 标签的 <a> 标签的 href

【范例程序 4-9】获取倒数第二个元素的内容

将程序 4-3.py 中的 xpath()语句修改为以下代码：

```
result = htmlEmt.xpath('//li[last()-1]/a ')
```

以上代码中的参数//li[last()-1]/a 表示获取倒数第二个元素的内容。将修改后的代码保存到程序文件 4-9.py 中，执行该程序，结果如图 4.12 所示。

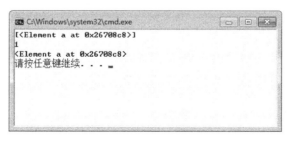

图 4.12　获取倒数第二个元素的内容

【范例程序 4-10】获取 class 为 bold 的标签

将程序 4-3.py 中的 xpath()语句修改为以下代码：

```
result = htmlEmt.xpath('//*[@class="bold"]')
```

以上代码中的参数//*[@class="bold"]表示获取 class 为 bold 的标签。将修改后的代码保存到程序文件 4-10.py 中，执行该程序，结果如图 4.13 所示。

图 4.13　获取 class 为 bold 的标签

4.3　爬虫 lxml 解析实战

前面介绍了 lxml 模块、XPath 语法及一些范例程序。通过一些简单的范例程序使读者对如何使用 lxml 有了一个初步的认识。本节将通过对几个网站的实际爬取来巩固所学过的知识，通过这些范例程序学习如何使用 XPath 和 lxml 进行爬虫实战。

4.3.1　爬取豆瓣网站

豆瓣（douban）是一个社区网站。该网站以书影音起家，提供关于书籍、电影、音乐等作品的信息，无论描述还是评论都由用户提供（User-Generated Content，UGC），是 Web 2.0 网站中具有特色的一个网站。其中，最新上映电影的信息由一个专门的网页来呈现，可以通过爬取其网页来获取有关最新电影的信息。本小节的范例程序说明如何爬取豆瓣网站。

【范例程序 4-11】爬取豆瓣网站

范例程序 4-11 的代码

```python
import requests                                          # 导入 requests 模块
from lxml import etree                                   # 导入 lxml
headers = {
    "User-Agentv": "Mozilla/5.0 (Windows NT 6.1; WOW64) AppleWebKit/537.36
(KHTML, like Gecko) Chrome/71.0.3554.0 Safari/537.36",
    "Referer": "https://movie.douban.com/",
}                                                         # 请求头设置
url = "https://movie.douban.com/cinema/nowplaying/chongqing/"   #定义请求 URL
rep = requests.get(url, headers=headers)                 # 发起请求
text = rep.text                                          # 返回 Unicode 型数据
html = etree.HTML(text)                                  # 转换成 HTML 格式
ul = html.xpath("//ul[@class='lists']")[0]              # 找到子孙节点 ul 标签
lis = ul.xpath("./li")                                   # 当前 ul 下的所有 li 标签
movies = []                                              # 空列表
for li in lis:                                           # 循环迭代每个 li 标签
    title = li.xpath("@data-title")[0]                  # 直接通过@li 标签的属性来获取值
    score = li.xpath("@data-score")[0]
    region = li.xpath("@data-region")[0]
    actors = li.xpath("@data-actors")[0]
    director = li.xpath("@data-director")[0]
    liimg = li.xpath(".//img/@src")
    movie = {
        "title": title,
        "score": score,
        "region": region,
        "actors": actors,
        "director": director,
        "liimg": liimg,
    }                                                    # 字典数据
    movies.append(movie)                                 # 添加到列表
print(movies)                                            # 输出结果
```

以上代码使用到了 requests 模块。requests 是一个很实用的 Python HTTP 客户端库，编写爬虫和测试服务器响应数据时经常会用到。可以说，requests 完全满足如今网络编程的需求，要使用它之前需要先安装 requests 模块。安装方法跟 lxml 模块相同，使用 pip3 的 install 命令即可。

以上代码向指定 URL 发送请求，并将返回结果转换为 HTML 格式，然后通过 XPath 获取到指定标签 ul，然后获取 ul 下的所有 li 标签，通过循环读取信息，最后将信息保存在列表中。

将以上代码保存到程序文件 4-11.py 中。执行该程序，由于向服务器发送请求会根据网速读取服务器端返回的信息，稍等一会儿就会出现类似图 4.14 所示的执行结果。

图 4.14　爬取豆瓣网站的执行结果

查看图 4.14 所示的执行结果可以发现，这个程序成功爬取了电影信息，实际使用时可以将信息直接输出，或者将信息存放于本地的网页文件中。

4.3.2　爬取电影天堂

电影天堂又叫阳光电影网，每天更新电影和电视剧，与全球影院和电视台同步，第一时间放送最热门和最经典的大片、剧集、动漫、综艺，完全免费，网站上的内容也相当丰富。本小节将爬取电影天堂网站的有关信息。

【范例程序 4-12】爬取电影天堂

范例程序 4-12 的代码

```
import requests
from lxml import etree
```

```python
BASE_DOMAIN = "http://www.ygdy8.net"
HEADERS = {
    "User-Agent": "Mozilla/5.0 (Windows NT 6.1; WOW64) AppleWebKit/537.36 (KHTML,
like Gecko) Chrome/71.0.3554.0 Safari/537.36",
}
def get_detail_urls(url):
    # 进入首页
    rep = requests.get(url=url, headers=HEADERS)
    # 小坑(编码里面有非法字符，所以加 ignore 筛选掉)
    text = rep.content.decode("gbk", "ignore")
    html = etree.HTML(text)
    # 通过规律直接找 table 下的 a 标签属性
    detail_urls = html.xpath("//table[@class='tbspan']//a/@href")
    # map 接受一个函数和列表（list），并通过匿名函数 lambda 依次作用在列表的每个元素上,得
到一个新的列表并返回
    detail_urls = map(lambda url:BASE_DOMAIN+url, detail_urls)
    # 返回拼接完成的详情 url
    return detail_urls
def parse_detail_page(url):
    # 爬取详情网页信息
    movie = {}
    res = requests.get(url, headers=HEADERS)
    text = res.content.decode("gbk")
    html = etree.HTML(text)
    title = html.xpath("//div[@class='title_all']//font[@color='#07519a']/text()")[0]
    movie["title"] = title
    zoomE = html.xpath("//div[@id='Zoom']")[0]
    # 获取当前标签下的 img
    imgs = zoomE.xpath(".//img/@src")
    # 列表切片法，避免取超过范围的数据报错
    cover = imgs[0:1]
    movie["cover"] = cover
    poster = imgs[1:2]
    movie["poster"] = poster
    infos = zoomE.xpath(".//text()")

    def parse_info(info, rule):
        # 重复操作，提取出一个函数
        return info.replace(rule, "").strip()

    for index, info in enumerate(infos):
        if info.startswith("◎年        代"):
            text = parse_info(info, "◎年        代")
            movie["year"] = text
        elif info.startswith("◎产        地"):
            text = parse_info(info, "◎产        地")
            movie["country"] = text
        elif info.startswith("◎类        别"):
            text = parse_info(info, "◎类        别")
            movie["category"] = text
```

```
            elif info.startswith("◎豆瓣评分"):
                text = parse_info(info, "◎豆瓣评分")
                movie["douban_rating"] = text
            elif info.startswith("◎片    长"):
                text = parse_info(info, "◎片    长")
                movie["duration"] = text
            elif info.startswith("◎导    演"):
                text = parse_info(info, "◎导    演")
                movie["director"] = text
            elif info.startswith("◎主    演"):
                text = parse_info(info, "◎主    演")
                actors = [text]
                for x in range(index+1, len(infos)):
                    actor = infos[x].strip()
                    if actor.startswith("◎标"):
                        break
                    actors.append(actor)
                    movie["actors"] = actors
            elif info.startswith("◎简    介"):
                text = parse_info(info, "◎简    介")
                for x in range(index+1, len(infos)):
                    profile = infos[x].strip()
                    if profile.startswith("◎获奖情况"):
                        break
                    movie["profile"] = profile
    download_url = html.xpath("//td[@bgcolor='#fdfddf']/a/@href")
    movie["download_url"] = download_url
    return movie
def spider():
    base_url = "http://www.ygdy8.net/html/gndy/dyzz/list_23_{}.html"
    movies = []
    # 设置爬取网页数量的 url
    for i in range(1, 180):
        url = base_url.format(i)
        # 传递到第一个首页爬取详情网页的链接
        detail_urls = get_detail_urls(url)
        # 获取待爬取网页详情的 url
        for detail_url in detail_urls:
            # 传递到详情网页爬取并获取爬取的详情数据
            movie = parse_detail_page(detail_url)
            movies.append(movie)
    print(movies)
if __name__ == '__main__':
    spider()
```

以上代码分别定义了函数 get_detail_urls、parse_detail_page、parse_info，用于获取详情 URL、分析详情网页以及获取信息等。把这几个函数统一到函数 spider 中，用来爬取网站内容，然后返回列表，最后调用函数实现对网站的爬取。将以上代码保存到程序文件 4-12.py 中，执行该程序，实现对网站的爬取，结果如图 4.15 所示。

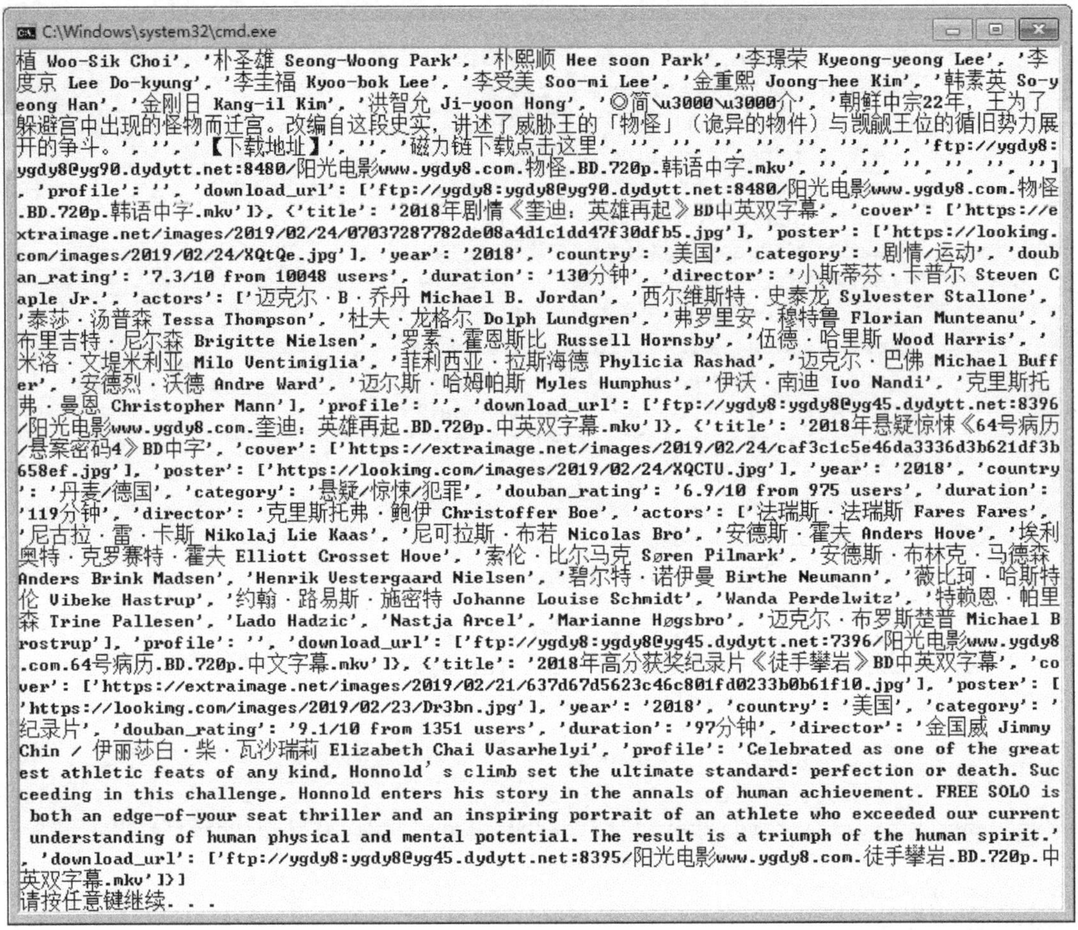

图 4.15　爬取电影天堂

由于程序中爬取网页数量过多，因此返回结果的时间很长，读者实践时可以根据需要减少爬取的数量。

4.3.3　爬取猫眼电影

猫眼电影的原名为"美团电影"，由美团网于 2012 年 2 月推出，2013 年 1 月更名。2015 年 7 月，猫眼电影独立为美团网旗下全资子公司猫眼文化传媒有限公司（简称猫眼公司）。本小节的范例程序将爬取猫眼电影网站。

【范例程序 4-13】爬取猫眼电影

范例程序 4-13 的代码

```python
"""猫眼电影爬取"""
import requests
from lxml import etree

BASE_URL = "http://maoyan.com"
HEADERS = {
```

```
        "User-Agent": "Mozilla/5.0 (Windows NT 6.1; WOW64) AppleWebKit/537.36
(KHTML, like Gecko) Chrome/71.0.3554.0 Safari/537.36"
    }
    my_cookie = dict(ci='1')#设置cookie，从北京读取

    def get_detail_urls(url):
        # 具体获取详情url
        rep = requests.get(url=url, headers=HEADERS,cookies=my_cookie)
        html = etree.HTML(rep.text)
        # 找到详情url
        detail_urls = html.xpath("//dl//div[@class='movie-item']/a/@href")
        detail_urls = map(lambda url: BASE_URL+url, detail_urls)
        return detail_urls


    def parse_detail_page(url):
        # 获取数据
        movie = {}
        res = requests.get(url=url, headers=HEADERS)
        text = res.content.decode("utf-8")
        html = etree.HTML(text)
        name = html.xpath("//div[@class='movie-brief-container']/h3/text()")[0]
        movie["name"] = name
        lis = html.xpath("//div[@class='movie-brief-container']//li")
        for li in range(len(lis)):
            if li == 0:
                movie["plot"] = lis[li].xpath("./text()")[0]
            if li == 1:
                movie["country"] = lis[li].xpath("./text()")[0].split()[0]
            if li == 2:
                try:
                    movie["release_time"] = lis[li].xpath("./text()")[0]
                except Exception as e:
                    continue

        avatar = html.xpath("//div[@class='avatar-shadow']/img/@src")
        movie["avatar"] = avatar
        content = html.xpath("//div[@class='mod-content']/span/text()")[0]
        movie["content"] = content
        container = html.xpath("//div[@class='comment-list-container']/ul")
        for li in container:
            li_name = li.xpath(".//span[@class='name']/text()")
            li_content = li.xpath(".//div[@class='comment-content']/text()")
            livs = zip(li_name, li_content)
            movie["user"] = dict((name, value)for name, value in livs)
        return movie


    def spider():
        # 获取url自行拼接
        base_url = "http://maoyan.com/films?showType=1&offset={}"
```

```
        movies = []
        for i in range(1, 2):
            url = base_url.format(i)
            # 拿到 url 之后去找到详情网页 url
            detail_urls = get_detail_urls(url)
            for detail_url in detail_urls:
                # 去获取详情网页数据
                movie = parse_detail_page(detail_url)
                movies.append(movie)
        print(movies)


    if __name__ == '__main__':
        spider()
```

以上代码分别定义了函数 get_detail_urls、parse_detail_page，用于获取详情 URL、分析详情网页，并把函数统一到函数 spider 中，用来爬取网站的内容，然后返回列表，最后调用函数实现对网站的爬取。将以上代码保存到程序文件 4-13.py 中，执行该程序，实现对猫眼电影网站的爬取，运行结果类似图 4.16 所示。

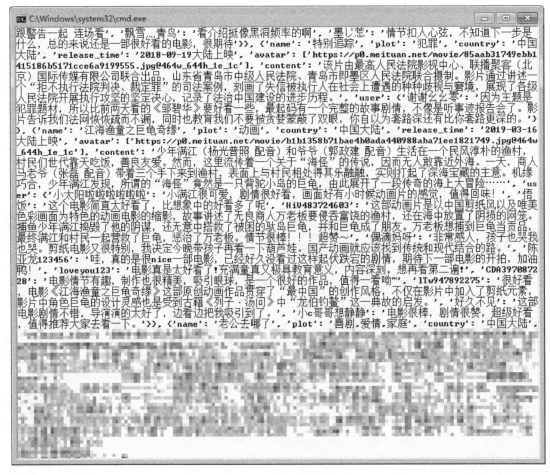

图 4.16　爬取猫眼电影

4.3.4　爬取腾讯招聘网

腾讯招聘网是腾讯公司旗下的招聘网站,用户可以通过此网站找到一些公司发布的招聘信息。本小节的范例程序实现了对腾讯招聘网的爬取。

【范例程序 4-14】爬取腾讯招聘网

范例程序 4-14 的代码

```python
"""爬取腾讯招聘网找工作"""
import requests
from lxml import etree

HEADERS = {"User-Agent": "Mozilla/5.0 (Windows NT 6.1; WOW64) AppleWebKit/537.36
(KHTML, like Gecko) Chrome/71.0.3554.0 Safari/537.36",
           "Referer":
"https://hr.tencent.com/position.php?keywords=python&lid=2218&tid=87&start=0"
           }
BASE_URL = "https://hr.tencent.com/"


def get_detail_urls(url):
    # 具体详情 URL
    rep = requests.get(url=url, headers=HEADERS)
    html = etree.HTML(rep.text)
    #找到详情 URL
    detail_urls = html.xpath("//table//td[@class='l square']/a/@href")
    detail_urls = map(lambda url: BASE_URL+url, detail_urls)
    return detail_urls


def get_parse_detail(url):
    # 获取数据
    job_offers = {}
    res = requests.get(url=url, headers=HEADERS)
    html = etree.HTML(res.text)
    position = html.xpath("//table//td[@class='l2 bold size16']/text()")[0]
    job_offers["position"] = position
    tds = html.xpath("//table//tr[@class='c bottomline']/td/text()")
    for i in range(len(tds)):
        job_offers["location"] = tds[0]
        job_offers["category"] = tds[1]
        job_offers["recruits"] = tds[2]
    duties = html.xpath("//tr[3][contains(@class, 'c')]//li/text()")
    job_offers["duties"] = duties
    claim = html.xpath("//tr[4][contains(@class, 'c')]//li/text()")
    job_offers["claim"] = claim
    return job_offers


def spider():
    # 拼接 URL
    base_url = "https://hr.tencent.com/position.php?keywords=python&lid=
2218&tid=87&start={}#a"
    squres = []
```

```
    for i in range(0, 34, 10):
        url = base_url.format(i)
        # 拼接出详情 URL
        detail_urls = get_detail_urls(url)
        # 对 URL 列表进行循环
        for detail_url in detail_urls:
            squre = get_parse_detail(detail_url)
            squres.append(squre)
            print(squre)


if __name__ == '__main__':
    spider()
```

以上代码分别定义了函数 get_detail_urls、parse_detail_page，用于获取详情 URL、分析详情网页，并把函数统一到函数 spider 中，用来爬取网站内容，然后返回列表，最后调用 spider 函数实现对网站的爬取。将以上代码保存到程序文件 4-14.py 中，执行该程序，实现对腾讯招聘网的爬取，运行结果类似图 4.17 所示。

图 4.17　爬取腾讯招聘网

4.3.5　关于 HTML

最后讨论一下 HTML。前面讨论的都是基于 XML 的内容，HTML 和 XML 还是有些许不同的，lxml 也有一个专门的 html 模块。比如我们解析 HTML 内容的话，最好使用 html.fromstring()，返回的是 lxml.html.HtmlElement，它具有上述针对 XML 的所有功能，同时能够更好地兼容 HTML。

```
etree.fromstring('<meta charset=utf-8 />')
# 比如这句就会报错，因为属性值没有用引号括起来
Traceback (most recent call last):
  File "<stdin>", line 1, in <module>
  File "src/lxml/lxml.etree.pyx", line 3213, in lxml.etree.fromstring
(src/lxml/lxml.etree.c:77737)
  File "src/lxml/parser.pxi", line 1830, in lxml.etree._parseMemoryDocument
(src/lxml/lxml.etree.c:116674)
  File "src/lxml/parser.pxi", line 1711, in lxml.etree._parseDoc
(src/lxml/lxml.etree.c:115220)
  File "src/lxml/parser.pxi", line 1051, in
lxml.etree._BaseParser._parseUnicodeDoc (src/lxml/lxml.etree.c:109345)
  File "src/lxml/parser.pxi", line 584, in
lxml.etree._ParserContext._handleParseResultDoc (src/lxml/lxml.etree.c:103584)
  File "src/lxml/parser.pxi", line 694, in lxml.etree._handleParseResult
(src/lxml/lxml.etree.c:105238)
  File "src/lxml/parser.pxi", line 624, in lxml.etree._raiseParseError
(src/lxml/lxml.etree.c:104147)
  lxml.etree.XMLSyntaxError: AttValue: " or ' expected, line 1, column 15

>>> html.fromstring('<meta charset=utf-8>')
```

html.HtmlElement 同时多了几项功能：

```
>>> doc = html.fromstring('<div><p>lorem <span>poium</span></p></div>')

>>> doc.text_content()
'lorem poium'
```

4.4　小结

本章主要介绍了 XPath 语法和 lxml 模块的用法。通过对这两项内容的学习，读者可以轻松地掌握如何从一个网站爬取有用的信息。

在熟练掌握 Python 语言的基础上，通过学习不同的库及不同的模块，进一步丰富爬虫技术的知识，逐步完备自己设计网络爬虫程序的专业技能。

第 5 章

◀ BeautifulSoup库 ▶

BeautifulSoup 是 Python 的一个 HTML 和 XML 的解析库，我们可以用它来方便地从网页中提取数据，它拥有强大的 API 和多样的解析方式。本章将学习如何使用 BeautifulSoup 库。

本章主要涉及的知识点有：

- 初步了解 BeautifulSoup 库
- 安装 BeautifulSoup 库
- 创建 BeautifulSoup 对象
- 方法与选择器的使用

5.1 简识 BeautifulSoup 4

BeautifulSoup，仅从功能上来看与上一章介绍的 lxml 库有相似之处，但 BeautifulSoup 也有其自身的特点：

- 提供一些简单的方法和 Python 函数，用于浏览、搜索和修改解析树。
- 是一个工具箱，通过解析文档为用户提供需要抓取的数据。
- 自动将转入的文档转换为 Unicode 编码，将输出的文档转换为 UTF-8 编码，编程人员不需要过多考虑编码。
- 位于流行的 Python 解析器（如 lxml 和 html5lib）之上，允许编程人员尝试不同的解析策略或处理速度，以获得灵活性。

5.1.1 安装与配置

本节首先介绍 BeautifulSoup 4 的安装和配置，以此为基础进一步学习如何使用库来进行爬虫操作。BeautifulSoup 4 作为 Python 的库，最简单的方法还是使用 pip 工具进行安装，在命令行提示符下运行 pip 的 install 命令即可，如图 5.1 所示。

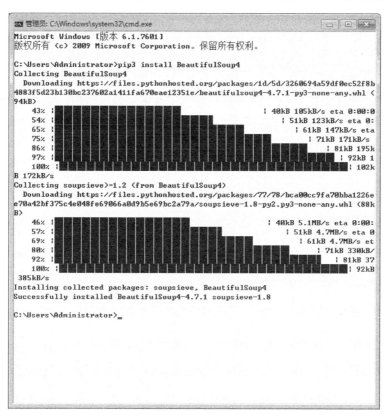

图 5.1　安装 BeautifulSoup 4 库

　　BeautifulSoup 在解析时实际上是依赖解析器的，除了支持 Python 标准库中的 HTML 解析器外，还支持第三方解析器，如 lxml。

　　BeautifulSoup 支持的解析器以及它们的优缺点如表 5.1 所示。

表 5.1　不同解析器的优劣势

解析器	使用方法	优势	劣势
Python 标准库	BeautifulSoup(markup,"html.parser")	Python 的内置标准库 执行速度适中 文档容错能力强	在 Python 2.7.3 或者 3.2.2 前的版本中，文档容错能力差
lxml HTML 解析器	BeautifulSoup(markup,"lxml")	速度快 文档容错能力强	需要安装 C 语言库
lxml XML 解析器	BeautifulSoup(markup,["lxml", "xml"]) BeautifulSoup(markup,"xml")	速度快 唯一支持 XML 的解析器	需要安装 C 语言库
html5lib	BeautifulSoup(markup,"html5lib")	最好的容错性 以浏览器的方式解析文档 生成 HTML5 格式的文档	速度慢 不依赖外部扩展

5.1.2 基本用法

通过传入一段字符或一个文件句柄，BeautifulSoup 的构造函数就能得到一个文档的对象，选择合适的解析器来解析文档，例如用编程人员指定的解析器来解析文档。

BeautifulSoup 将复杂的 HTML 文档转换成一个复杂的树形结构，每个节点都是 Python 对象，所有对象可以归纳为 4 种：Tag（标签）、NavigableString（可遍历的字符串）、BeautifulSoup（文档对象，即全部的文档内容，戏称"靓汤"）、Comment（注释，即特殊类型的可遍历的字符串）。

【范例程序 5-1】BeautifulSoup 基本用法的范例

范例程序 5-1 的代码

```
from bs4 import BeautifulSoup                    #导入 BeautifulSoup
#下面的代码都是用此文档测试
html_doc = """
<html><head><title>The Dormouse's story</title></head>
<body>
<p class="title"><b>The Dormouse's story</b></p>
<p class="story">Once upon a time there were three little sisters; and their
names were
<a href="http://example.com/elsie" class="sister" id="link1">Elsie</a>,
<a href="http://example.com/lacie" class="sister" id="link2">Lacie</a> and
<a href="http://example.com/tillie" class="sister" id="link3">Tillie</a>;
and they lived at the bottom of a well.</p>
<p class="story">...</p>
"""
markup="<b><!--Hey, buddy. Want to buy a used parser?--></b>"   #字符串
soup=BeautifulSoup(html_doc,"lxml")              # 使用构造方法
soup1=BeautifulSoup(markup,"lxml")
tag=soup.a                                       # 获取标签<a>
navstr=tag.string                                # 获取标签字符串
comment=soup1.b.string                           # 获取标签<b>的字符串
print(type(tag))                                 # Tag 标签对象
print(type(comment))                             # Comment 对象包含文档注释内容
print(type(navstr))                              # NavigableString 对象包装字符串内容
print(type(soup))                                # BeautifulSoup 对象为文档的全部内容
```

以上代码演示了 BeautifulSoup 库的基本用法，首先使用构造函数载入文档或字符串，然后通过标记来获取相应内容并输出。将以上代码保存到程序文件 5-1.py 中，执行该程序，结果如图 5.2 所示。

66

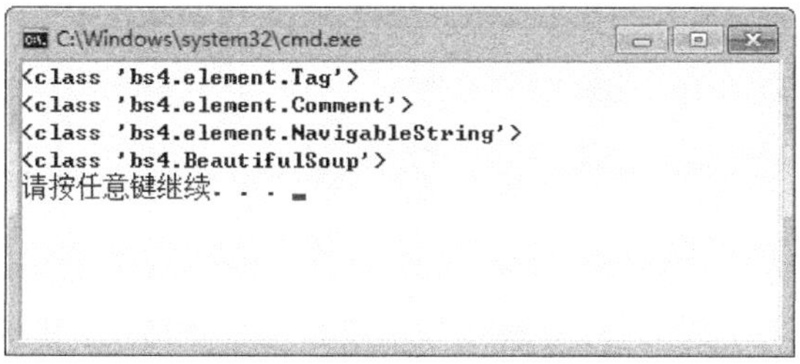

图 5.2　BeautifulSoup 基本用法

lxml 是局部遍历，而 BeautifulSoup 是基于 HTML DOM 的，后者会载入整个文档，解析整个 DOM 树，时间和空间都会大很多。除了这两种抓取工具之外，Python 还支持正则表达式，在后续章节将会介绍正则表达式。这几种工具的特点如表 5.2 所示。

表 5.2　比较不同抓取库的特点

抓取工具	速度	使用难度	安装难度
正则表达式	最快	困难	无（内置）
BeautifulSoup	慢	最简单	简单
lxml	快	简单	一般

5.2　BeautifulSoup 对象

要使用 BeautifulSoup，首先需要创建它的对象。本节将介绍如何创建 BeautifulSoup 的相关对象，包括创建 BeautifulSoup 对象及其四类对象、遍历文档树、搜索文档树等。

5.2.1　创建 BeautifulSoup 对象

要创建 BeautifulSoup 对象，首先必须导入 bs4 库，使用 from import 语句实现导入操作，如下所示。

```
from bs4 import BeautifulSoup
```

另外，还需要创建一个包含 HTML 信息的字符串。下面将定义一个字符串，后面的例子均使用该字符串来演示。

```
html = """
<html><head><title>The Dormouse's story</title></head>
<body>
<p class="title" name="dromouse"><b>The Dormouse's story</b></p>
<p class="story">Once upon a time there were three little sisters; and their
names were
<a href="http://example.com/elsie" class="sister" id="link1"><!-- Elsie
--></a>,
```

```
<a href="http://example.com/lacie" class="sister" id="link2">Lacie</a> and
<a href="http://example.com/tillie" class="sister" id="link3">Tillie</a>;
and they lived at the bottom of a well.</p>
<p class="story">...</p>
"""
```

执行 BeautifulSoup 的构造函数，参数使用上面定义的字符串，就可以创建好 BeautifulSoup 对象，如下所示。

```
soup = BeautifulSoup(html)
```

另外，还可以用本地 HTML 文件来创建 BeautifulSoup 对象。例如，先创建 index.html 文件，其具体内容如下所示。

```
<html>
 <head>
  <title>
   The Dormouse's story
  </title>
 </head>
 <body>
  <p class="title" name="dromouse">
   <b>
    The Dormouse's story
   </b>
  </p>
  <p class="story">
   Once upon a time there were three little sisters; and their names were
   <a class="sister" href="http://example.com/elsie" id="link1">
    <!-- Elsie -->
   </a>
   ,
   <a class="sister" href="http://example.com/lacie" id="link2">
    Lacie
   </a>
   and
   <a class="sister" href="http://example.com/tillie" id="link3">
    Tillie
   </a>
   ;
and they lived at the bottom of a well.
  </p>
  <p class="story">
   ...
  </p>
```

```
</body>
</html>
```

将以上代码保存为文件 index.html 以备用。调用 BeautifulSoup 构造函数，再到其中调用 open 方法，参数为本地的 HTML 文件，也即是将本地 index.html 文件打开，用于创建 soup 对象，方式如下：

```
soup = BeautifulSoup(open('index.html'))
```

【范例程序 5-2】通过构造函数创建 BeautifulSoup 对象

范例程序 5-2 的代码

```
from bs4 import BeautifulSoup
soup = BeautifulSoup(open('index.html'),'lxml')
print(soup.prettify())
```

以上代码首先导入 BeautifulSoup 库，然后通过构造函数创建一个 BeautifulSoup 的对象，其中构造函数的第二个参数指定解析器为 lxml，最后将内容进行输出，其中调用了 soup 的 prettify()方法。将以上代码汇总到程序文件 5-2.py 中，执行该程序，结果如图 5.3 所示。

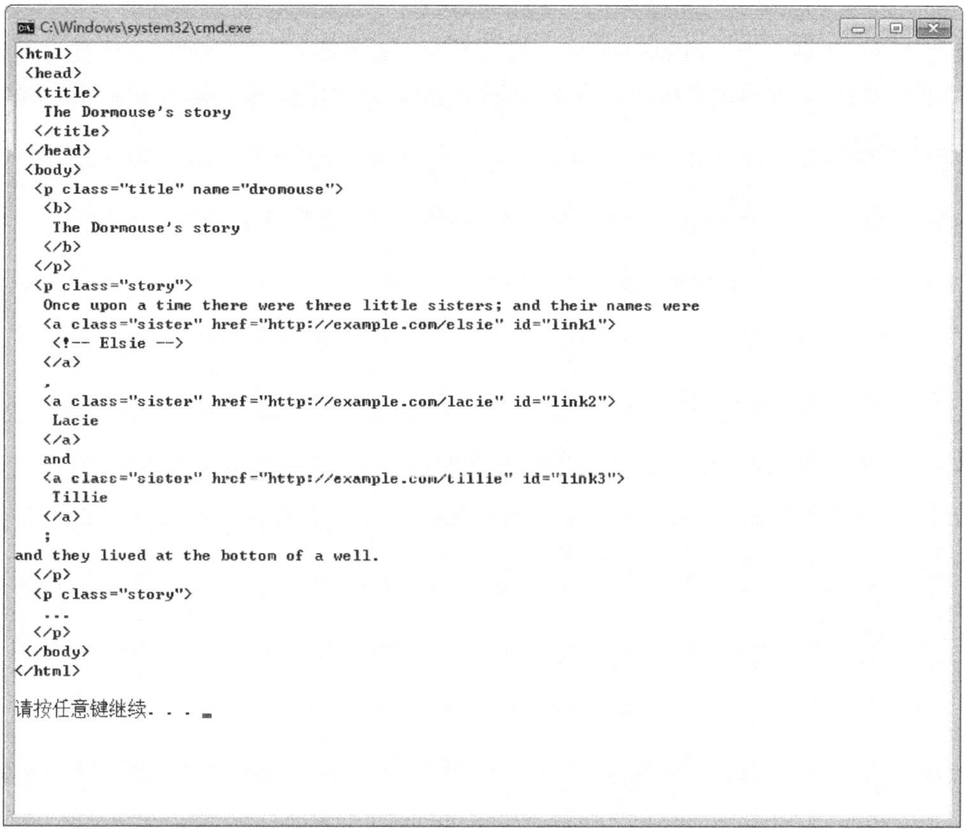

图 5.3　输出 BeautifulSoup 对象的内容

5.2.2　4 类对象

BeautifulSoup 将复杂的 HTML 文档转换成一个复杂的树形结构，每个节点都是 Python 对象，所有对象可以归纳为 4 种，分别是 Tag、NavigableString、BeautifulSoup、Comment 等。

1. Tag（标签）

Tag 是什么？通俗点讲就是 HTML 中的一个个标签，例如：

```
<title>The Dormouse's story</title>
<a class="sister" href="http://example.com/elsie" id="link1">Elsie</a>
```

上面的 title、a 等 HTML 标签加上里面包括的内容就是 Tag。下面我们来感受一下怎样用 BeautifulSoup 来方便地获取 Tag（标签）。

【范例程序 5-3】获取 Tag（标签）

范例程序 5-3 的代码

```
from bs4 import BeautifulSoup                          # 导入库
soup = BeautifulSoup(open('index.html'),'lxml')        # 创建 BeautifulSoup 对象
print(soup.title)                                      # 获取 Tag 标签
```

以上代码首先导入 BeautifulSoup 库，然后通过构造函数创建一个对象，直接使用对象加标签名以获取标签，并将内容输出。将以上代码汇总到程序文件 5-3.py 中，执行该程序，结果如图 5.4 所示。

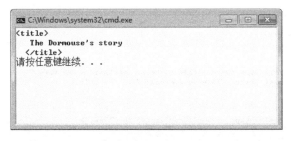

图 5.4　获取标签

查看图 5.4 所示的运行结果，可以发现直接使用 soup 加各种标签就能输出相应的内容。如果要获取头部，只需要将程序代码修改如下：

```
Print(soup.head)
```

要获取超链接，将程序代码修改如下：

```
Print(soup.a)
```

要获取段落标记，将程序代码修改如下：

```
Print(soup.p)
```

我们可以利用 soup 加标签名轻松地获取这些标签的内容，是不是感觉比正则表达式方便

多了呢？不过有一点要注意，它查找的是在所有内容中的第一个符合要求的标签。如果要查询所有的标签，我们将会在后面进行介绍。

对于 Tag（标签），它有两个重要的属性，分别是 name（名字）和 attrs（属性），下面我们分别来感受一下。

【范例程序 5-4】对象的 name 属性

范例程序 5-4 的代码

```
from bs4 import BeautifulSoup                          # 导入库
soup = BeautifulSoup(open('index.html'),'lxml')        # 创建 BeautifulSoup 对象
print(soup.name)                                       # 输出 soup 的 name
print(soup.head.name)                                  # 输出 head 标签的 name
```

以上代码分别输出 soup 的 name 与标签 head 的 name。soup 对象本身比较特殊，它的 name 即为[document]；对于其他内部标签，输出的值便为标签本身的名称。将以上代码保存到程序文件 5-4.py 中，执行该程序，结果如图 5.5 所示。

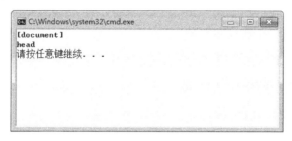

图 5.5 标签的 name 属性

【范例程序 5-5】对象的 attrs 属性

范例程序 5-5 的代码

```
from bs4 import BeautifulSoup                          # 导入库
soup = BeautifulSoup(open('index.html'),'lxml')        # 创建 BeautifulSoup 对象
print(soup.attrs)                                      # 输出 soup 的 attrs
print(soup.p.attrs)                                    # 输出 soup.p 的 attrs 属性
```

在这里，我们把 p 标签的所有属性打印输出，得到的类型是一个字典。将以上代码保存到程序文件 5-5.py 中，执行该程序，结果如图 5.6 所示。

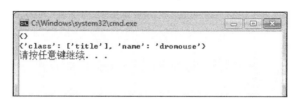

图 5.6 标签的 attrs 属性

如果我们想要单独获取某个属性，可以通过引用列表的形式，比如：

```
print(soup.p['class'])
```

还可以调用 get()方法来传入属性的名称，二者是等价的。

```
print(soup.p.get('class'))    # 使用 get()方法来获取 class 属性
```

除了可以获取属性之外，还可以对这些属性和内容等进行修改，直接给属性赋值即可，如下代码所示。

```
soup.p['class']="newClass"
print(soup.p)
```

还可以使用 del 语句删除这个属性，例如：

```
del soup.p['class']
print(soup.p)
#<p name="dromouse"><b>The Dormouse's story</b></p>
```

不过，对于修改和删除的操作，不是我们的主要用途，在此就不做详细介绍了，如果有需要，请读者查看官方文档的相关细节。

2. NavigableString（可遍历的字符串）

既然我们已经得到了标签的内容，那么问题来了，我们要想获取标签内部的文字怎么办呢？很简单，使用 string 属性即可。

【范例程序 5-6】使用 string 属性

范例程序 5-6 的代码

```
from bs4 import BeautifulSoup                         # 导入库
soup = BeautifulSoup(open('index.html'),'lxml')       # 创建 BeautifulSoup 对象
print(soup.title.string)                              # 输出 t.title 的 string
```

使用 string 属性即可输出标签的文本内容。它的类型是一个 NavigableString，翻译成中文就是"可遍历的字符串"。将以上代码保存到程序文件 5-6.py 中，执行该程序，结果如图 5.7 所示。

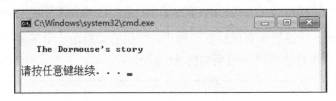

图 5.7　使用 string 属性

3. BeautifulSoup（文档对象）

BeautifulSoup 对象表示的是一个文档的全部内容。大部分时候，可以把它当作 Tag 对象，只不过它是一个特殊的 Tag 标签。我们可以分别获取它的类型、名称以及属性。

【范例程序 5-7】BeautifulSoup 对象

范例程序 5-7 的代码

```
from bs4 import BeautifulSoup                           # 导入库
soup = BeautifulSoup(open('index.html'),'lxml')         # 创建 BeautifulSoup 对象
print(type(soup))                                       # 输出 soup 的类型
print(soup.name)                                        # 输出 soup 的 name
print(soup.attrs)
```

以上代码分别获取 soup 的类型、名称以及 attrs 属性。将以上代码保存到程序文件 5-7.py 中，执行该程序，结果如图 5.8 所示。

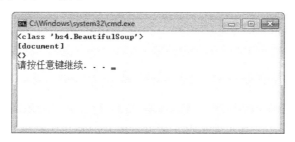

图 5.8　BeautifulSoup 对象

4. Comment

Comment（注释）对象是一个特殊类型的 NavigableString 对象，其实输出的内容仍然不包括注释符号，但是如果不好好处理它，可能会对我们的文本处理造成意想不到的麻烦。

我们找一个带注释的标签：

```
print(soup.a)
print(soup.a.string)
print(type(soup.a.string))
```

运行结果如下：

```
<a class="sister" href="http://example.com/elsie" id="link1"><!-- Elsie
--></a>
 Elsie
<class 'bs4.element.Comment'>
```

a 标签里的内容实际上是注释，但是如果我们利用 string 属性来输出它的内容，就会发现它已经把注释符号去掉了，这可能会给我们带来不必要的麻烦。

另外，我们打印输出一下它的类型，就会发现它是一个 Comment 类型，所以我们在使用前最好做一下判断。判断代码如下：

```
if type(soup.a.string)==bs4.element.Comment:
    print(soup.a.string)
```

在上面的代码中，我们首先判断它的类型是否为 Comment 类型，如果是的话，就进行相应的操作，如打印输出等。

5.2.3 遍历文档树

上一小节介绍了 BeautifulSoup 中的 4 类对象（Tag、NavigableString、BeautifulSoup、Comment），并简单了解了这些对象的属性、方法。本小节就来看一下如何使用这些对象来实现对文档树的遍历。

（1）直接子节点。要获取子节点，可以使用 contents 与 children 属性。

Tag 标签的 contents 属性可以将标签的子节点以列表的方式输出。

【范例程序 5-8】获取直接子节点

范例程序 5-8 的代码

```
from bs4 import BeautifulSoup                          # 导入库
soup = BeautifulSoup(open('index.html'),'lxml')        # 创建 BeautifulSoup 对象
print(soup.head.contents)                              # 输出子节点
print(soup.head.contents[0])                           # 获取第一个元素
```

以上代码使用 contents 属性来获取 Tag 标签的子节点，并以列表索引的方式获取第一个元素（第一个元素为\n，即一个回车换行符，所以输出看不到文字内容）。将以上代码保存到程序文件 5-8.py 中，执行该程序，结果如图 5.9 所示。

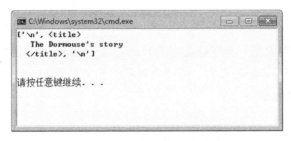

图 5.9　使用 contents 属性获取子节点

Tag 标签的 children 属性返回的不是一个列表，而是一个列表生成器对象，不过我们可以通过遍历来获取所有的子节点。

【范例程序 5-9】使用 children 属性来获取子节点

范例程序 5-9 的代码

```
from bs4 import BeautifulSoup                          # 导入库
soup = BeautifulSoup(open('index.html'),'lxml')        # 创建 BeautifulSoup 对象
print(soup.head.children)                              # 输出 children
for child in  soup.p.children:                         # 遍历获取子节点
    print(child)
```

以上代码使用 children 属性来获取子节点，因为返回的并不是列表，但可以通过遍历来获取其内容（第一个元素为\n，即一个回车换行符，所以输出看不到文字内容）。将以上代码保存到程序文件 5-9.py 中，执行该程序，结果如图 5.10 所示。

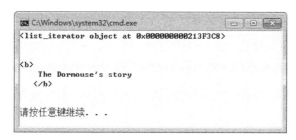

图 5.10　使用 children 属性获取子节点

（2）所有子孙节点。使用 descendants 属性可以获取所有子孙节点。contents 和 children 属性仅包含标签的直接子节点，而 descendants 属性可以对所有标签的子孙节点进行循环迭代，和 children 类似，我们也需要通过遍历来获取其中的内容。

【范例程序 5-10】使用 descendants 属性来获取所有下层节点

范例程序 5-10 的代码

```
from bs4 import BeautifulSoup                        # 导入库
soup = BeautifulSoup(open('index.html'),'lxml')      # 创建 BeautifulSoup 对象
for child in  soup.descendants:                      # 遍历并获取所有下层子节点
    print(child)
```

以上代码通过遍历 soup 对象的 descendants 属性来获取所有下层节点并将相应的内容输出。将以上代码保存到程序文件 5-10.py 中。运行这个程序，我们可以发现所有的节点都被打印出来了，先是最外层的 HTML 标签，接着从 head 标签一个个剥离，以此类推，结果如图 5.11 所示。

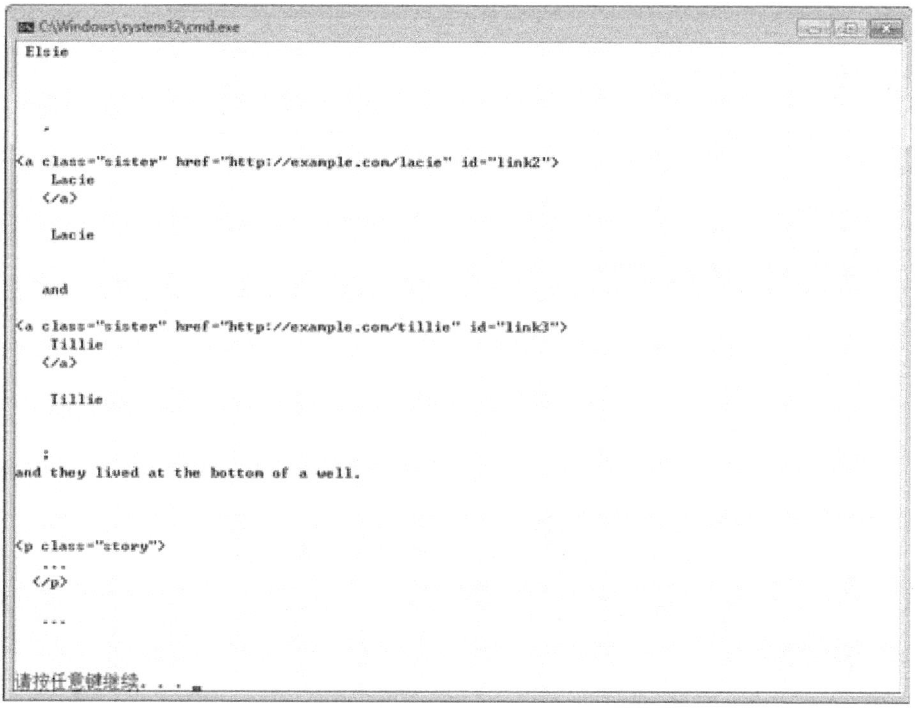

图 5.11　获取所有下层节点

（3）节点内容。使用 string 属性获取节点内容。如果标签只有一个 NavigableString 类型子节点，那么这个标签可以使用 string 属性得到子节点。如果一个标签仅有一个子节点，那么这个标签也可以调用 string()方法，输出结果与当前唯一子节点的 string 结果相同。

换句话说，如果一个标签里面没有标签了，那么通过 string 属性就会返回标签里面的内容；如果标签里面只有唯一的一个标签了，那么通过 string 属性也会返回最里面的内容。

（4）多个内容。使用 strings、stripped_strings 属性可以获取多个内容，不过需要通过遍历来获取。下面的例子将说明如何遍历 strings 属性。

【范例程序 5-11】使用 strings 属性来获取多个内容

范例程序 5-11 的代码

```
from bs4 import BeautifulSoup                        # 导入库
soup = BeautifulSoup(open('index.html'),'lxml')      # 创建 BeautifulSoup 对象
for string in soup.strings:                          # 遍历 strings
    print(repr(string))                              # 将对象转化为可解析形式
```

以上代码通过遍历 soup 对象的 strings 属性来获取多个内容并输出，其中调用了函数 repr()（可以将对象转化为可解析形式）。将以上代码保存到程序文件 5-11.py 中，执行该程序，结果如图 5.12 所示。

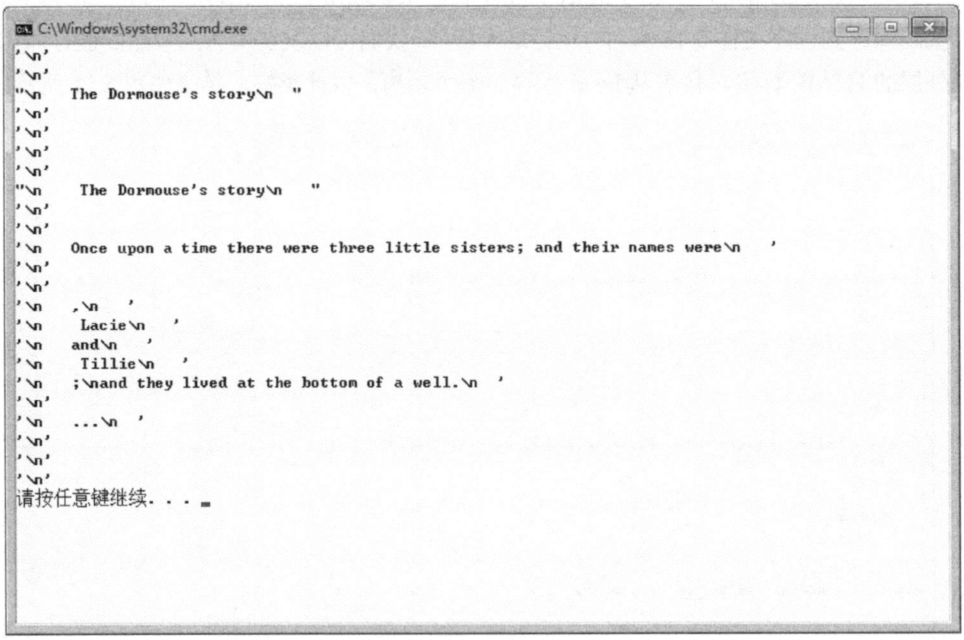

图 5.12　通过遍历 strings 属性返回的多个内容

输出的字符串中可能包含了很多空格或空行，使用 stripped_strings 可以去除多余的空白内容，这里不再单独举例。

（5）父节点。使用 parent 属性来获取父节点的内容。

```
p = soup.p
print(p.parent.name)
```

执行上面的代码将输出 p 标签的父节点的名称，将输出 body。

```
content=soup.head.title.string
print(content.parent.name)
```

执行上面的代码将输出 string 对象的父节点的名称，将输出 title。

（6）全部父节点。使用 parents 属性可以获取全部父节点的内容。通过循环迭代可以得到元素的所有父辈节点。

【范例程序 5-12】使用 parents 属性来获取全部父节点

范例程序 5-12 的代码

```
from bs4 import BeautifulSoup                              # 导入库
soup = BeautifulSoup(open('index.html'),'lxml')           # 创建 BeautifulSoup 对象
content = soup.head.title.string
for parent in content.parents:                            # 遍历全部父节点
    print(parent.name)                                    # 输出名称
```

以上代码通过遍历 content 的 parents 属性来获取全部父节点并输出。将以上代码保存到程序文件 5-12.py 中，执行该程序，运行结果如图 5.13 所示。

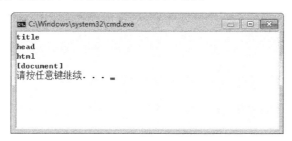

图 5.13　获取全部父节点

（7）兄弟节点。兄弟节点可以理解为和本节点处在同一层级的节点。next_sibling 属性获取了该节点的下一个兄弟节点，previous_sibling 属性则与之相反，用于获取前一个兄弟节点。如果节点不存在，就返回 None。

　实际文档中标签的 next_sibling 和 previous_sibling 属性通常是字符串或空格符，因为空格符或者换行符也可以被视作一个节点，所以得到的结果可能是空格或者换行。

（8）全部兄弟节点。通过 next_siblings（后面所有的兄弟节点）和 previous_siblings（前面所有的兄弟节点）属性可以用循环迭代来输出当前节点的兄弟节点。

（9）前后节点。使用 next_element（下一个元素）和 previous_element（前一个元素）属性可以获取当前节点的前后节点。与 next_sibling 和 previous_sibling 属性不同，它并不是只限

于兄弟节点，而是作用于所有节点，不分层次。

比如 head 节点为：

```
<head><title>The Dormouse's story</title></head>
```

那么它的下一个节点便是 title，是不分层次关系的：

```
print(soup.head.next_element)
#<title>The Dormouse's story</title>
```

（10）所有的前后节点。通过 next_elements 和 previous_elements 属性，循环迭代器就可以向前或向后访问文档的解析内容，就好像文档正在被解析一样。

```
for element in last_a_tag.next_elements:
    print(repr(element))
```

以上就是遍历文档树的基本用法。

5.2.4 搜索文档树

BeautifulSoup 还支持对文档树的搜索操作，调用 find_all()方法即可实现。该方法的语法格式如下所示。

```
find( name, attrs, recursive, text, **kwargs )
```

执行该方法将搜索当前标签的所有标签子节点，并判断是否符合筛选器的条件。这些参数相当于筛选器，可以进行筛选处理。不同的参数可以应用到以下情况：

- 查找标签，基于 name 参数。
- 查找文本，基于 text 参数。
- 基于正则表达式的查找。
- 查找标签的属性，基于 attrs 参数。
- 基于函数的查找。

下面将分别举例进行说明。

【范例程序 5-13】查找标签。

范例程序 5-13 的代码

```
from bs4 import BeautifulSoup                              # 导入库
soup = BeautifulSoup(open('index.html'),'lxml')           # 创建 BeautifulSoup 对象
result=soup.find("title")                                 # 查找标签 title
print(type(result))                                       # 输出结果类型
print(result.string)                                      # 输出结果字符串
```

以上代码通过 find()方法加上标签名称来搜索到标签 title 的内容，并输出结果。将以上代码保存到程序文件 5-13.py 中，执行该程序，结果如图 5.14 所示。

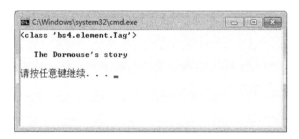

图 5.14　查找标签

【范例程序 5-14】通过文本查找

范例程序 5-14 的代码

```
from bs4 import BeautifulSoup                        # 导入库
soup = BeautifulSoup(open('index.html'),'lxml')      # 创建 BeautifulSoup 对象
result=soup.find(text="\n    Tillie\n    ")          # 查找文本
print(type(result))                                  # 输出结果类型
print(result.string)                                 # 输出结果字符串
```

以上代码通过 find() 方法加上 text="文本"来搜索指定文本的内容，并输出结果。这里需要注意的是，标签内的文本必须是完全一致的，包括换行、空格等，如果不匹配就会返回空值。将以上代码保存到程序文件 5-14.py 中，执行该程序，结果如图 5.15 所示。

图 5.15　通过文本查找

【范例程序 5-15】通过正则表达式查找

范例程序 5-15 的代码

```
import re                                             # 导入正则表达式库
from bs4 import BeautifulSoup                         # 导入库
email_id_example = """<br/>
<div>The below HTML has the information that has email ids.</div>
abc@example.com
<div>xyz@example.com</div>
<span>foo@example.com</span>
"""                                                   # 定义字符串
soup = BeautifulSoup(email_id_example,'lxml')         # 创建 BeautifulSoup 对象
emailid_regexp=re.compile("\w+@\w+\.\w+")             # regexp 表达式对象
first_email_id = soup.find(text=emailid_regexp)       # 查找符合正则表达式的结果
print(first_email_id)                                 # 输出结果
```

以上代码通过 find()方法加上 text="文本"来搜索符合指定的正则表达式规则的内容,并输出结果。这里使用到了正则表达式。如果想查找第一个电子邮箱(该邮箱地址没有用标签包含其中,不能直接查找),那么使用正则表达式即可实现。将以上代码保存到程序文件 5-15.py 中,执行该程序,运行结果如图 5.16 所示。

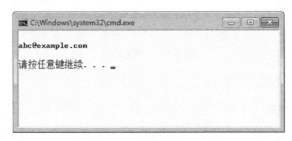

图 5.16   通过正则表达式查找

【范例程序 5-16】通过标签属性查找

范例程序 5-16 的代码

```
from bs4 import BeautifulSoup                        # 导入库
soup = BeautifulSoup(open('index.html'),'lxml')      # 创建 BeautifulSoup 对象
result=soup.find(id='link2')                         # 根据属性查找
print(type(result))                                  # 输出结果类型
print(result)                                        # 输出结果标签内容
print(result.string)                                 # 输出结果字符串
```

以上代码通过 find()方法加上属性名等于属性值来搜索到指定的内容,并输出结果。将以上代码保存到程序文件 5-16.py 中,执行该程序,运行结果如图 5.17 所示。

图 5.17   通过标签属性查找

【范例程序 5-17】通过回调函数查找

范例程序 5-17 的代码

```
from bs4 import BeautifulSoup                        # 导入库
soup = BeautifulSoup(open('index.html'),'lxml')      # 创建 BeautifulSoup 对象
def is_secondary_consumers(tag):                     # 定义函数
    return tag.has_attr('name') and tag.get('name') == 'dromouse' # 函数返回值
result=soup.find(is_secondary_consumers)             # 根据函数
print(type(result))                                  # 输出结果类型
```

```
print(result)                                    # 输出结果标签内容
print(result.string)                             # 输出结果字符串
```

以上代码通过 find()方法加上回调函数名来搜索指定的内容，并输出结果。这里需要注意的是，函数必须返回 True 或 False。将以上代码保存到程序文件 5-17.py 中，执行该程序，运行结果如图 5.18 所示。

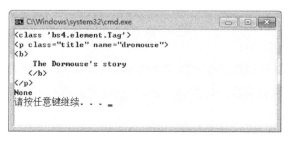

图 5.18　通过回调函数查找

5.3　方法和 CSS 选择器

上一节介绍了 BeautifulSoup 对象的用法，包括创建 BeautifulSoup 对象及其四类对象、遍历文档、搜索文档等。本节来学习 BeautifulSoup 的其他方法和 CSS 选择器。

5.3.1　find 类方法

BeautifulSoup 对象除了 find()方法之外，还有一批以 find 开头的方法，调用方式与 find()方法类似，这里一起做一个简单介绍。

（1）find_all()方法

在介绍搜索文档树那一小节中提到了 find()方法，此外还有 find_all()方法，其调用格式如下所示。

```
find_all( name, attrs, recursive, text, **kwargs )
```

它与 find()方法唯一的区别就是，find_all()方法的返回结果只包含一个元素的列表，而 find()方法直接返回结果。

（2）find_parents()方法和 find_parent()方法

find_all()和 find()方法只搜索当前节点的所有子节点、孙子节点等。find_parents()和 find_parent()方法则用来搜索当前节点的父辈节点。搜索方式与普通标签的搜索方式相同，即搜索文档包含的内容。

（3）find_next_siblings()和 find_next_sibling()方法

这两个方法通过 next_siblings 属性对当前标签的所有后续的兄弟标签节点进行循环迭代。

find_next_siblings()方法返回所有符合条件的后续兄弟节点，find_next_sibling()只返回符合条件的后续第一个标签节点。

（4）find_previous_siblings()和 find_previous_sibling()方法

这两个方法通过 previous_siblings 属性对当前标签前面的兄弟标签节点进行循环迭代。find_previous_siblings()方法返回所有符合条件的前面的兄弟节点，find_previous_sibling()方法返回第一个符合条件的前面的兄弟节点。

（5）find_all_next()和 find_next()方法

这两个方法通过 next_elements 属性对当前标签后续的标签和字符串进行循环迭代。find_all_next()方法返回所有符合条件的节点，find_next()方法返回第一个符合条件的节点。

（6）find_all_previous 和 find_previous()方法

这两个方法通过 previous_elements 属性对当前节点前面的标签和字符串进行循环迭代。find_all_previous()方法返回所有符合条件的节点，find_previous()方法返回第一个符合条件的节点。

 以上第（2）、（3）、（4）、（5）、（6）介绍的方法，其参数的用法与 find_all()完全相同，原理均类似，在此不再赘述。有兴趣的读者可以自己组织编写一下代码，实际运行一下，理解这些方法的使用。限于篇幅，这里不再逐个举例说明。

5.3.2　CSS 选择器

我们在编写 CSS 时，标签名不加任何修饰，类名前加实心句点（.），id 名前加#。在这里，我们也可以利用类似的方法来筛选元素，用到的方法是 soup.select()，返回类型是列表（List）。

select()方法与 find()方法的使用有些类似，也可以通过标签名查找、通过类名查找、通过 ID 查找、使用组合查找以及通过属性查找等。如果读者之前接触过 jQuery，就会发现 select 的选取规则和 jQuery 有点像。下面将分别举例说明。

【范例程序 5-18】通过标签名查找

范例程序 5-18 的代码

```
from bs4 import BeautifulSoup                              # 导入库
soup = BeautifulSoup(open('index.html'),'lxml')           # 创建 BeautifulSoup 对象
result=soup.select("p")                                   # 查找标签 p
print(type(result))
print(len(result))                                        # 输出结果数量
print(result[0])                                          # 输出第一个元素
```

以上代码通过 select()方法加上标签名称来搜索标签<p>的内容，并输出结果。将以上代码

保存到程序文件 5-18.py 中，执行该程序，运行结果如图 5.19 所示。

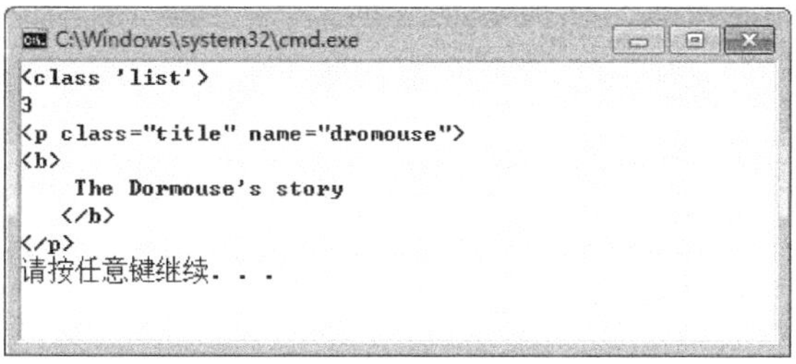

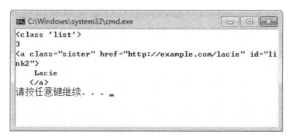

图 5.19　通过标签名查找

【范例程序 5-19】通过类名查找

范例程序 5-19 的代码

```
from bs4 import BeautifulSoup                              # 导入库
soup = BeautifulSoup(open('index.html'),'lxml')           # 创建 BeautifulSoup 对象
result=soup.select(".sister")                             # 查找类 sister
print(type(result))
print(len(result))                                        # 输出结果数量
print(result[1])                                          # 输出第二个元素
```

以上代码通过 select()方法加上类的名称（在类名称前需要加上实心句点"."，表示查找相应的类名），搜索到标签类 sister 的内容，并输出结果。将以上代码保存到程序文件 5-19.py 中，执行该程序，运行结果如图 5.20 所示。

图 5.20　通过类名查找

【范例程序 5-20】通过 ID 名查找

范例程序 5-20 的代码

```
from bs4 import BeautifulSoup                              # 导入库
soup = BeautifulSoup(open('index.html'),'lxml')           # 创建 BeautifulSoup 对象
result=soup.select("#link3")                              # 查找 ID link3
print(type(result))
print(len(result))                                        # 输出结果数量
print(result)                                             # 输出结果
```

以上代码通过 select()方法加上 ID 的名称（在类名称前需要加上井号"#"，表示查找相

应的 ID 名），搜索到 ID 为 link3 的内容，并输出结果。将以上代码保存到程序文件 5-20.py 中，执行该程序，运行结果如图 5.21 所示。

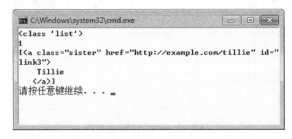

图 5.21　通过 ID 名查找

【范例程序 5-21】组合查找

范例程序 5-21 的代码

```
from bs4 import BeautifulSoup                              # 导入库
soup = BeautifulSoup(open('index.html'),'lxml')           # 创建 BeautifulSoup 对象
result=soup.select("p #link1")                            # 查找 P 下的 ID link1
print(type(result))
print(len(result))                                        # 输出结果数量
print(result)                                             # 输出结果
```

组合查找和编写 class 文件时标签名与类名、id 名进行的组合原理是一样的。例如，查找 p 标签中 id 等于 link1 的内容，二者需要用空格分开。

以上代码通过 select()方法加上组合查找规则对内容进行查找，并输出结果。将以上代码保存到程序文件 5-21.py 中，执行该程序，运行结果如图 5.22 所示。

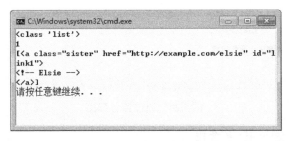

图 5.22　组合查找

【范例程序 5-22】使用属性查找

范例程序 5-22 的代码

```
from bs4 import BeautifulSoup                              # 导入库
soup = BeautifulSoup(open('index.html'),'lxml')           # 创建 BeautifulSoup 对象
result=soup.select("[class='title']")                     # 查找 class 为 title 的内容
print(type(result))
print(len(result))                                        # 输出结果数量
print(result)                                             # 输出结果
```

查找时还可以加入属性元素（属性需要用中括号括起来）。注意属性和标签属于同一节点，所以中间不能加空格，否则会无法匹配到。

以上代码通过 select() 方法，对指定属性 class='title' 进行查找，并输出结果。将以上代码保存到程序文件 5-22.py 中，执行该程序，运行结果如图 5.23 所示。

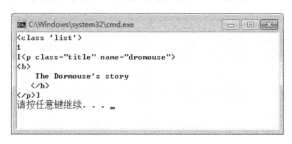

图 5.23　使用属性查找

这就是另一种与 find_all 方法有异曲同工之妙的查找方法，是不是感觉很方便？

5.4 爬取示范：使用 BeautifulSoup 爬取电影天堂

本节通过一个具体的范例程序来说明如何使用 BeautifulSoup 4 库对指定网站进行爬取。这里我们仍选用对电影天堂网站进行爬取。

5.4.1　基本思路

在实际操作之前，我们先来看一下基本思路。为了顺利对指定网址进行爬取，这里我们计划按照以下步骤进行。

（1）导入需要的模块。
（2）对指定网址进行访问，并获取返回结果。
（3）根据返回的内容创建 BeautifulSoup 对象。
（4）根据网页特点搜索相应的内容。
（5）对搜索到的结果进行遍历并输出。

每次在开发具体项目之前，应该有一个总体规划，特别是在开发相对复杂的大型项目时，事先把每一步需要完成的任务规划好，这样在具体实施时就会有的放矢，不至于思路混乱。根据上面爬取网站的基本思路，在下一小节就按这个思路进行相应的操作。

5.4.2　实际爬取

本小节将上一小节的思路具体化，也即是转化为可执行的程序代码。

【范例程序 5-23】爬取电影天堂

范例程序 5-23 的代码

```
from bs4 import BeautifulSoup                              # 导入 BeautifulSoup 库
import requests                                            # 导入 requests 库
res=requests.get('https://www.dytt8.net/html/gndy/dyzz/index.html')    # 访问网址
res.raise_for_status()
soup = BeautifulSoup(res.content,'lxml')                   # 创建 BeautifulSoup 对象
result=soup.select("[style='padding-left:3px']")# 查找 style 属性为指定值的内容
for re in result:
    if re.string!=None:
        print(re.string)                                  # 输出结果
```

以上代码先使用 requests 对指定网址进行访问并返回结果，然后使用 BeautifulSoup 构造函数按指定内容创建对象，再调用 select()方法查找 style 属性为指定值的内容，最后使用遍历将结果输出。将以上代码保存到程序文件 5-23.py 中，执行这个程序，运行结果如图 5.24 所示。

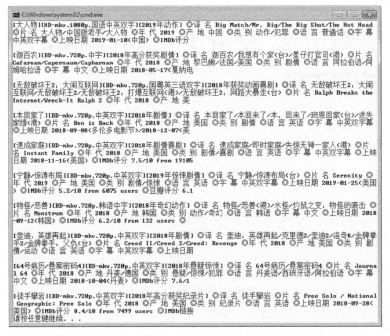

图 5.24　爬取电影天堂

查看图 5.24 所示的运行结果，可以发现程序成功地对网页内容进行了爬取。当然，我们还可以根据自己的需要对返回的内容进行筛选，诸如获取电影名称、主演、上映时间等。限于篇幅，这里不再赘述。

5.5　小结

　　本篇内容比较多，对 BeautifulSoup 提供的查找和提取方法进行了大致的整理和总结，并没有介绍 BeautifulSoup 提供的修改和删除等功能，因为本章重点只是网站内容的爬取，所以并不需要用到的修改和删除等功能。

第 6 章
◀ 正则表达式 ▶

本章简单介绍 Python 正则表达式爬虫，同时讲述常见的正则表达式分析方法，最后通过范例程序具体讲解如何从网站爬取数据。

本章主要涉及的知识点有：

- 了解正则表达式：对于文本的筛选（按规则进行匹配并提取），最强大的就是正则表达式
- 学会爬取数据：通过编程实现数据的爬取

6.1 了解正则表达式

为什么要学习正则表达式？实际上爬虫的工作分为 4 个主要步骤：

① 明确目标（要知道自己准备在哪个范围或者网站去搜索）；
② 爬（将所有网站的内容全部爬下来）；
③ 取（去掉对我们没用的数据）；
④ 处理数据（按照我们想要的方式存储和使用）。

在之前的实战中，实现了前两个步骤，即"明确目标"和"爬"，然而"爬"下来的数据是全部的网页，这些数据既庞大又混乱，大部分内容并没有价值，因此我们需要将有价值的信息筛选出来。

对于文本的筛选（按规则进行匹配并提取），最强大的工具就是正则表达式。正则表达式是 Python 爬虫世界里必不可少的神兵利器。

6.1.1 基本概念

正则表达式又称规则表达式，通常被用来检索、替换那些符合某个模式（规则）的文本。正则表达式是对字符串操作的一种逻辑公式，就是用事先定义好的一些特定字符及这些特定字符的组合，组成一个"规则字符串"。这个"规则字符串"用来表达对字符串的一种筛选逻辑。

给定一个正则表达式和一个字符串，我们可以达到如下目的：

- 给定的字符串是否符合正则表达式的筛选逻辑（"匹配"）。

● 通过正则表达式，从文本字符串中获取我们想要的特定部分（"筛选"）。

6.1.2　re 模块

Python 通过 re 模块提供对正则表达式的支持，使用正则表达式之前需要导入该模块（或库）。

```
import re
```

基本步骤是先将正则表达式的字符串形式编译为 Pattern（模式）实例，然后使用 Pattern 实例处理文本并获得一个 Match（匹配）实例，再使用 Match 实例获得所需的信息。常用的函数是 findall，原型如下：

```
findall(string[, pos[, endpos]]) | re.findall(pattern, string[, flags])
```

该函数表示搜索字符串 string，以列表形式返回全部匹配的子串。

其中，参数 re 包括 3 个常见值：

● re.I(re.IGNORECASE)：忽略字母大小写（括号内是完整的写法）。
● re.M(re.MULTILINE)：允许多行模式。
● re.S(re.DOTALL)：支持点任意匹配模式。

Pattern 对象是一个编译好的正则表达式，通过 Pattern 提供的一系列方法可以对文本进行匹配查找。Pattern 不能直接实例化，必须使用 re.compile()进行构造。

6.1.3　compile()方法

re 正则表达式模块包括一些常用的方法（Method，也有人习惯称为函数），比如 compile()方法，它的原型如下：

```
compile(pattern[,flags] )
```

该方法或函数根据包含正则表达式的字符串创建模式对象，返回一个 pattern 对象。参数 flags 是匹配模式，可以使用"按位或"运算符"|"表示同时生效，也可以在正则表达式字符串中指定。pattern 对象是不能直接实例化的，只能通过 compile()方法得到。

【范例程序 6-1】compile()方法的使用

范例程序 6-1 的代码

```
import re                            # 导入正则表达式模块
string="A1.45, b5, 6.45, 8.82"      # 定义字符串
regex = re.compile(r"\d+\.?\d*")    # 定义正则规则
print(regex.findall(string))        # 对指定字符串按指定规则进行查找，并输出结果
```

以上代码首先定义了包含数值的字符串，然后通过 compile()方法定义正则规则，指定规则是数值内容。最后调用 findall()方法把匹配正则规则的内容找出来并输出。将以上代码保存

到程序文件 6-1.py 中，执行该程序，运行结果如图 6.1 所示。

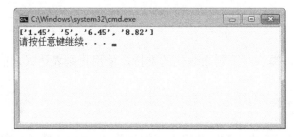

图 6.1　compile()方法的使用

6.1.4　match()方法

match()方法是从字符串的 pos 指定的下标开始处匹配 pattern，如果匹配，就返回一个 Match 对象；如果无法匹配，或者匹配未结束就已到达 endpos 指定的下标结束位置，则返回 None。该方法原型如下：

```
match(string[, pos[, endpos]]) | re.match(pattern, string[, flags])
```

参数 string 表示字符串，pos 表示下标起始位置，pos 和 endpos 的默认值分别为 0 和 len(string)（即字符串的长度），参数 flags 用于编译 pattern 时指定匹配模式。

6.1.5　group()和 groups()方法

group([group1, …])方法用于获得一个或多个分组截获的字符串，当它指定多个参数时将以元组形式返回。groups([default])方法以元组形式返回全部分组截获的字符串，相当于调用 group(1,2,…,last)。default 表示没有截获字符串的组以这个值替代，默认为 None。

6.1.6　search()方法

search()方法用于查找匹配的字符串，它也是一次匹配，只要找到了一个匹配的结果就返回，而不是查找所有匹配的结果，它的一般使用形式如下：

```
search(string[, pos[, endpos]])
```

其中，string 是待匹配的字符串，pos 和 endpos 是可选参数，指定字符串的起始和终点位置，即指定要查找的区间，默认值分别是 0 和 len(string)（即字符串的长度）。当匹配成功时，返回一个匹配的对象；如果没有匹配上，就返回 None。

让我们看看范例程序。

【范例程序 6-2】search()方法的使用

范例程序 6-2 的代码

```
import re                        # 导入正则表达式模块
pattern=re.compile("\d+")        # 定义正则表示式以查找数值
```

```
my_str='one12twothree34four'                      # 定义字符串
m=pattern.search(my_str)                          # 按照正则表达式来查找
print(m)
print(m.group())
m=pattern.search(my_str,10,30)                    # 指定要查找的字符串区间
print(m)
print(m.group())
```

以上代码首先定义正则规则，在此例中为查找数值，然后定义包含数值的字符串，之后调用 search()方法进行正则查找，并输出结果。第一次没有指定起始位置，第二次则指定了起始与结束位置。将以上代码保存到程序文件 6-2.py 中，执行该程序，运行结果如图 6.2 所示。

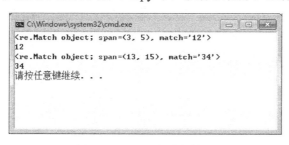

图 6.2　search()方法的使用

再来看一个范例程序。

【范例程序 6-3】search()方法的使用 II

范例程序 6-3 的代码

```
import re
pattern = re.compile(r'\d+')                      # 将正则表达式编译成 Pattern 对象
m = pattern.search('hello 123456 789')            # 使用 search()查找匹配的子串
if m:
    print('matching string:',m.group())          # 使用 Match 获得分组信息
    print('position:',m.span())                   # 起始位置和结束位置
```

以上代码首先定义正则规则，在此例中为查找数值，然后定义包含数值的字符串，之后调用 search()方法进行正则查找，并输出匹配的字符串内容与它的起始和结束位置。将以上代码保存到程序文件 6-3.py 中，执行该程序，运行结果如图 6.3 所示。

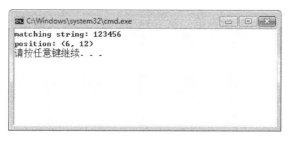

图 6.3　search()方法的使用 II

6.1.7 findall()方法

上面的 match()和 search()方法都是一次匹配，只要找到了一个匹配的结果就返回。然而，在大多数时候，我们需要搜索整个字符串，获得所有匹配的结果。调用 findall()方法即可满足这样的要求。

findall()方法的调用形式如下：

```
findall(string[, pos[, endpos]])
```

其中，string 是待匹配的字符串，pos 和 endpos 是可选参数，指定字符串的起始和终点位置，默认值分别是 0 和 len(string)（即字符串的长度）。

findall 以列表形式返回全部匹配的子串，如果没有找到任何匹配的子串，就返回一个空列表。

【范例程序 6-4】findall()方法的使用

范例程序 6-4 的代码

```
import re
pattern = re.compile(r'\d+')                           # 查找数字
result1 = pattern.findall('hello 123456 789')    # 调用 findall()进行匹配查找
result2 = pattern.findall('one1two2three3four4', 0, 10)#调用 findall()进行匹配查找
print(result1)                                          # 输出结果
print(result2)
```

以上代码首先定义正则规则，在此例中为查找数字，然后使用该匹配规则对指定字符串进行正则匹配并输出结果。这里调用的是 findall()方法，它将会返回所有匹配的结果。把以上代码保存到程序文件 6-4.py 中，执行该程序，运行结果如图 6.4 所示。

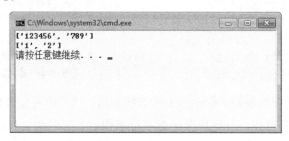

图 6.4　findall()方法的使用

查看图 6.4 的运行结果，之所以第二次只返回了 1 与 2，是因为限制了起始与结束位置，所以只返回指定位置匹配的内容。

再来看一个范例程序。

【范例程序 6-5】findall()方法的使用 II

范例程序 6-5 的代码

```
import re
```

```
pattern = re.compile(r'\d+\.\d*')                    # 定义浮点数的正则表达式
result = pattern.findall("123.141593, 'bigcat', 232312, 3.15")#进行正则匹配查找
for item in result:                                   # 对结果进行遍历
    print(item)                                       # 输出结果
```

以上代码首先定义正则规则，在此例中为查找浮点数，然后使用该匹配规则对指定字符串进行正则匹配，并遍历结果列表依次输出每个符合匹配规则的内容。将以上代码保存到程序文件 6-5.py 中，执行该程序，运行结果如图 6.5 所示。

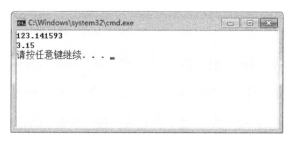

图 6.5　findall()方法的使用 II

6.1.8　finditer()方法

finditer()方法的查找方式与 findall()的查找方式类似，也是搜索整个字符串，获得所有匹配的结果，但前者返回一个顺序访问每一个匹配结果（即匹配对象）的迭代器。

【范例程序 6-6】finditer()方法的使用

范例程序 6-6 的代码

```
import re
pattern = re.compile(r'\d+')
result_iter1 = pattern.finditer('hello 123456 789')
result_iter2 = pattern.finditer('one1two2three3four4', 0, 10)
print(type(result_iter1))
print(type(result_iter2))
print('result1...')
for m1 in result_iter1:                              # m1 是匹配对象
    print('matching string: {}, position: {}'.format(m1.group(), m1.span()))
print('result2...')
for m2 in result_iter2:
    print('matching string: {}, position: {}'.format(m2.group(), m2.span()))
```

以上代码首先定义正则规则，在此例中为查找数值，然后调用 finditer()方法对指定字符串进行正则匹配，并遍历结果列表依次输出每个符合匹配规则的内容。将以上代码保存到程序文件 6-6.py 中，执行该程序，运行结果如图 6.6 所示。

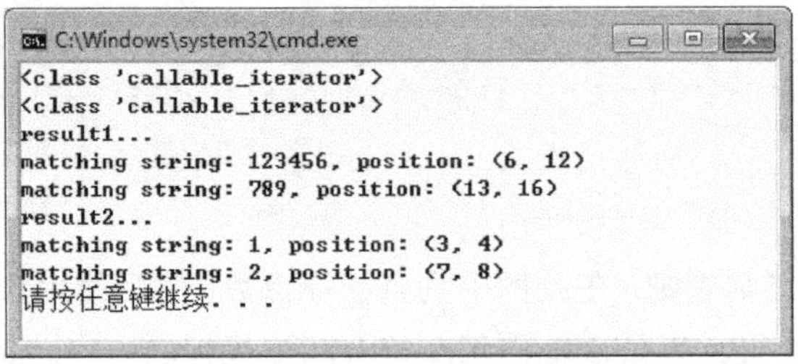

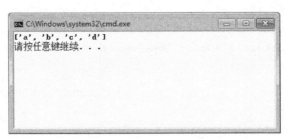

图 6.6　finditer()方法的使用

6.1.9　split()方法

split()方法按照匹配的子串将字符串分割后返回列表，它的调用形式如下：

```
split(string[, maxsplit])
```

其中，可选参数 maxsplit 用于指定最大分割的次数，不指定时则默认为全部分割。

【范例程序 6-7】split()方法的使用

范例程序 6-7 的代码

```
import re
p = re.compile(r'[\s\,\;]+')
result=p.split('a,b;; c   d')
print(result)
```

以上代码首先定义正则规则，此例中为查找字符，然后调用 split()方法对字符串进行分割，并输出分割后的结果。将以上代码保存到程序文件 6-7.py 中，执行该程序，运行结果如图 6.7 所示。

图 6.7　split()方法的使用

6.1.10　sub()方法

sub()方法用于正则替换，调用形式如下：

```
sub(repl, string[, count])
```

其中，参数 repl 既可以是字符串，也可以是一个函数。如果 repl 是字符串，就会使用 repl 去替换字符串中每一个匹配的子串，并返回替换后的字符串。另外，repl 还可以使用 id 的形式来引用分组，但不能使用编号 0。如果 repl 是函数，这个方法应当只接受一个参数（匹配对象），并返回一个字符串用于替换（返回的字符串中不能再引用分组）。count 用于指定最多替换的次数，不指定时则默认为全部替换。

【范例程序 6-8】sub()方法的使用

范例程序 6-8 的代码

```
import re
p = re.compile(r'(\w+) (\w+)')          # 定义正则表达式\w = [A-Za-z0-9]
s = 'hello 123, hello 456'              # 字符串
print(p.sub(r'hello world', s))         # 使用'hello world'替换 s
print(p.sub(r'\2 \1', s))               # 引用分组
def func(m):                            # 定义函数
    return 'hi' + ' ' + m.group(2)
print(p.sub(func, s))                   # 使用函数作为参数进行替换
print(p.sub(func, s, 1))                # 最多替换一次
```

以上代码首先定义正则规则来查找字符，然后调用 sub()方法根据定义的规则对目标字符串进行替换操作，并将结果输出。然后，还定义了一个函数，函数将 hello 替换为 hi，将函数作为 sub()方法的参数进行替换，同时输出结果。将以上代码保存到 6 程序文件-8.py 中，执行该程序，运行结果如图 6.8 所示。

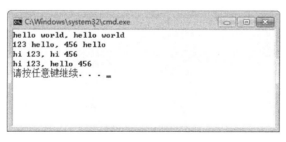

图 6.8 sub()方法的使用

6.2 抓取

上节介绍了正则表达式的基本概念,本节将介绍常用的正则表达式抓取网络数据的一些技巧,可能系统性不是很强,但是也能给读者提供一些抓取数据的思路以及解决实际的一些问题。

6.2.1 抓取标签间的内容

HTML 语言是采用标签对的形式来编写网页的，包括起始标签和结束标签，比如 <head></head>、<tr></tr>、<script><script>等。下面讲解抓取标签对之间的文本内容。

1. 抓取 title 标签间的内容

首先爬取网页的标题，采用的正则表达式为'<title>(.*?)</title>'。下面的范例程序演示了如何抓取百度标题。

【范例程序 6-9】抓取标题

范例程序 6-9 的代码

```
import re
import urllib.request
url = "http://www.baidu.com/"                          # 定义 URL
content = urllib.request.urlopen(url).read()           # 打开 URL
title = re.findall(b'<title>(.*?)</title>', content)   # 查找标题
print(str(title[0],'utf-8'))                           # 输出内容
```

以上代码首先导入正则表达式模块，再导入 URLlib 模块（或库），调用 urlopen()方法打开指定的 URL，并读取它的内容，调用 findall()方法加正则"<title>(.*?)</title>"获取标题的内容。这里需要注意的是，正则表达式前加字母 "b" 是让 re.compile()编译一个 bytes 字符串，最后输出时将二进制字符转化 utf-8 编码进行输出。由于 findall()方法是获取所有满足该正则表达式的文本，因此输出第一个值用 title[0]即可。将以上代码保存到程序文件 6-9.py 中，执行该程序，结果如图 6.9 所示。

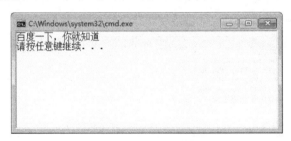

图 6.9　抓取标题

下面是获取标签的另一种方法。

【范例程序 6-10】抓取标签

范例程序 6-10 的代码

```
import re
import urllib.request
url = "http://www.baidu.com/"
content = urllib.request.urlopen(url).read()
pat = b'(?<=<title>).*?(?=</title>)'          # 定义正则规则
ex=re.compile(pat, re.M|re.S)                 # 创建对象
obj=re.search(ex, content)                    # 进行正则匹配查找
title = obj.group()                           # 调用 group()方法返回结果
print(str(title,'utf-8'))                     # 输出结果
```

以上代码与程序6-9.py 的不同之处在于前者调用search()方法获取相关内容，并调用group()

方法获取字符串，最后输出结果。将这段代码保存到程序文件 6-10.py 中，执行该程序，运行结果与图 6.9 完全一样。

2. 抓取超链接标签间的内容

在 HTML 中，<a href=URL></a>用于标识超链接。下面的范例程序用于获取完整的超链接和超链接<a>和</a>之间的内容。

【范例程序 6-11】抓取超链接间的内容

范例程序 6-11 的代码

```
import re
content = '''
<a href="http://news.baidu.com" name="tj_trnews" class="mnav">新闻</a>
<a href="http://www.hao123.com" name="tj_trhao123" class="mnav">hao123</a>
<a href="http://map.baidu.com" name="tj_trmap" class="mnav">地图</a>
<a href="http://v.baidu.com" name="tj_trvideo" class="mnav">视频</a>
'''                                          # 定义字符串
res = r"<a.*?href=.*?<\/a>"                  # 定义正则表达式
urls = re.findall(res, content)              # 进行匹配查找
for u in urls:                               # 遍历结果
    print(u)
#获取超链接<a>和</a>之间的内容
res = r'<a .*?>(.*?)</a>'
texts = re.findall(res, content, re.S|re.M)
for t in texts:
    print(t)
```

以上代码先定义一组包含 HTML 内容的字符串，然后定义正则表达式，匹配规则为以<a 开头、以</a>结尾的内容，然后调用 findall()方法进行匹配查找并输出结果。之后定义新的正则表达式，匹配规则是<a></a>标签之间的内容，同样进行匹配查找并输出结果。将以上代码保存到程序文件 6-11.py 中，执行该程序，结果如图 6.10 所示。

图 6.10　抓取超链接间的内容

6.2.2　抓取 tr\td 标签间的内容

网页中常用的布局包括 table（表格）布局或 div（分区）布局。其中，table 表格布局中常见的标签包括 tr、th 和 td：表格的行是 tr（table row），表格的数据为 td（table data），表格的表头为 th（table heading）。那么如何抓取这些标签之间的内容呢？通过下面的代码来介绍如何获取它们之间的内容。

【范例程序 6-12】表格中单元格标记间的内容

范例程序 6-12 的代码

```
import re
content = '''
<html>
<head><title>表格</title></head>
<body>
    <table  border=1>
        <tr><th>学号</th><th>姓名</th></tr>
        <tr><td>1001</td><td>杨秀璋</td></tr>
        <tr><td>1002</td><td>严娜</td></tr>
    </table>
</body>
</html>
'''
res = r'<tr>(.*?)</tr>'                          # 获取<tr></tr>间的内容
texts = re.findall(res, content, re.S|re.M)
for m in texts:
    print(m)
for m in texts:                                 # 获取<th></th>间的内容
    res_th = r'<th>(.*?)</th>'
    m_th = re.findall(res_th, m, re.S|re.M)
    for t in m_th:
        print(t)
res = r'<td>(.*?)</td><td>(.*?)</td>'            # 直接获取<td></td>间的内容
texts = re.findall(res, content, re.S|re.M)
for m in texts:
    print(m[0],m[1])
```

以上代码首先获取 tr 之间的内容，然后在 tr 之间的内容中获取\<th\>和\</th\>之间的值，即"学号""姓名"，最后直接获取两个\<td\>之间的内容。将以上代码保存到程序文件 6-12.py 中，执行该程序，结果如图 6.11 所示。

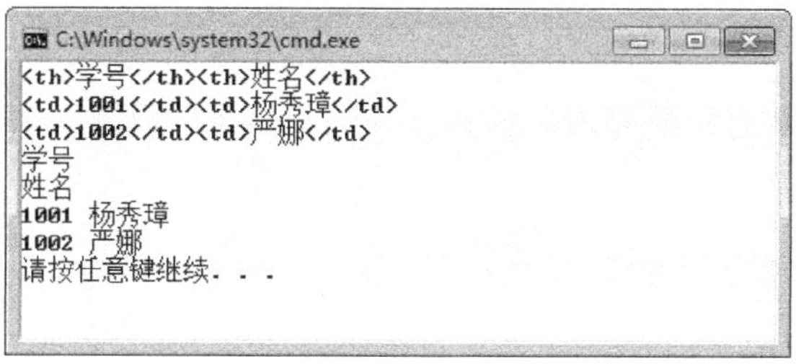

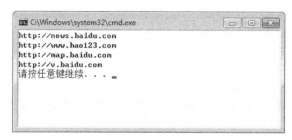

图 6.11　获取表格中单元格标签间的内容

6.2.3　抓取标签中的参数

1. 抓取超链接标签的 URL

HTML 超链接的基本格式为"<a href=URL>链接内容</a>"，现在需要获取其中的 URL 链接地址，方法如下：

【范例程序 6-13】抓取标签中的参数

范例程序 6-13 的代码

```
import re
content = '''
<a href="http://news.baidu.com" name="tj_trnews" class="mnav">新闻</a>
<a href="http://www.hao123.com" name="tj_trhao123" class="mnav">hao123</a>
<a href="http://map.baidu.com" name="tj_trmap" class="mnav">地图</a>
<a href="http://v.baidu.com" name="tj_trvideo" class="mnav">视频</a>
'''                                            # 定义字符串
res = r"(?<=href=\").+?(?=\")|(?<=href=\').+?(?=\')"   # 定义正则规则
urls=re.findall(res, content, re.I|re.S|re.M)         # 查找内容
for url in urls:                               # 遍历结果
    print(url)
```

以上代码定义了包含 HTML 内容的字符串，然后创建相应的正则规则，其规则内容就是 href 后以引号开始、以引号结束的内容。然后调用 findall()方法查找相应的内容，并输出结果。将以上代码保存到程序文件 6-13.py 中，执行该程序，结果如图 6.12 所示。

图 6.12　抓取标签中的参数

2. 抓取图片超链接标签的 URL

HTML 插入图片使用标签的基本格式为"<img src=图片地址 />"。现在需要获取图片的 URL 链接地址，方法如下：

【范例程序 6-14】抓取图片标签的 src

范例程序 6-14 的代码

```
import re
content = '''<img alt="Python" src="http://www..csdn.net/eastmount.jpg" />'''
urls = re.findall('src="(.*?)"', content, re.I|re.S|re.M)
print(urls[0])
```

以上代码定义了包含 HTML 内容的字符串，然后创建相应的正则规则，其规则内容就是 src 后以引号开始、以引号结束的内容。然后调用 findall()方法查找相应的内容，并输出结果。将以上代码保存到程序文件 6-14.py 中，执行该程序，运行结果如图 6.13 所示。

图 6.13　抓取图片标签的 src

3. 获取 URL 中最后一个参数

通常在使用 Python 爬取图片的过程中会遇到图片对应的 URL 的最后一部分用于命名图片，如前面的"eastmount.jpg"，需要通过 URL "/"后面的参数获取图片。要获取图片，可以使用 split 将字符串分割并返回最后一个元素。

【范例程序 6-15】获取 URL 最后一个参数

范例程序 6-15 的代码

```
content = '''<img alt="Python" src="http://www..csdn.net/eastmount.jpg" />'''
urls = 'http://www..csdn.net/eastmount.jpg'
name = urls.split('/')[-1]
print(name)
```

该段代码表示采用字符"/"分割字符串，并且获取最后一个获取的值，即图片名称。将以上代码保存到程序文件 6-15.py 中，执行该程序，结果如图 6.14 所示。

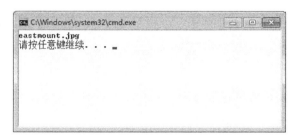

图 6.14　获取 URL 最后一个参数

6.2.4　字符串处理及替换

在使用正则表达式爬取网页文本时，通常需要调用 find()方法找到指定的位置后再进行下一步爬取，比如首先获取 class 属性为 "infobox" 的表格，然后进行定位爬取其中的内容。

```
start = content.find(r'<table class="infobox"')     # 起点位置
end = content.find(r'</table>')                       # 重点位置
infobox = text[start:end]
print(infobox)
```

在爬取过程中可能会爬取到无关变量，此时需要对无关内容进行筛选。这里推荐使用 replace()方法和正则表达式进行相应的处理。

【范例程序 6-16】爬取内容

范例程序 6-16 的代码

```
# coding=utf-8
import re
content = '''
<tr><td>1001</td><td>杨秀璋<br /></td></tr>
<tr><td>1002</td><td>颜 娜</td></tr>
<tr><td>1003</td><td><B>Python</B></td></tr>
'''
res = r'<td>(.*?)</td><td>(.*?)</td>'
texts = re.findall(res, content, re.S|re.M)
for m in texts:
    print(m[0],m[1])
```

以上代码用于爬取单元格中的内容，这段程序代码的运行结果如图 6.15 所示。

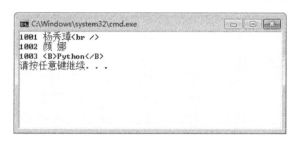

图 6.15　爬取内容

查看图 6.15 的运行结果，其中多出了一些无用内容，此时需要筛选多余的字符串，如换行（
）、空格（ ）、加粗（<B></B>）。

筛选代码如下：

【范例程序 6-17】对内容进行筛选

范例程序 6-17 的代码

```
# coding=utf-8
import re
content = '''
<tr><td>1001</td><td>杨秀璋<br /></td></tr>
<tr><td>1002</td><td>颜 娜</td></tr>
<tr><td>1003</td><td><B>Python</B></td></tr>
'''
res = r'<td>(.*?)</td><td>(.*?)</td>'
texts = re.findall(res, content, re.S|re.M)
for m in texts:
    value0 = m[0].replace('<br />', '').replace(' ', '')
    value1 = m[1].replace('<br />', '').replace(' ', '')
    if '<B>' in  value1:
        m_value = re.findall(r'<B>(.*?)</B>', value1, re.S|re.M)
        print(value0, m_value[0])
    else:
        print(value0, value1)
```

以上代码调用 replace 方法将字符串"
"或" "替换成空格，实现筛选，而加粗（<B></B>）则使用正则表达式筛选。将这段代码保存到程序文件 6-17.py 中，执行这个程序，结果如图 6.16 所示。

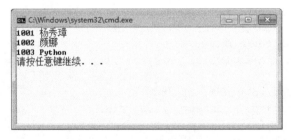

图 6.16　对内容进行筛选

6.3　爬取实战

现在拥有了正则表达式这把"神兵利器"，我们就可以对爬取到的全部网页源代码进行筛选了。

下面我们一起尝试一下爬取糗事百科网站：

https://www.qiushibaike.com/hot/

打开之后，不难看出里面一个一个非常有意思的糗事，当我们进行翻页的时候，注意 url 地址的变化：

- 第一页：url: https://www.qiushibaike.com/hot/page/1/
- 第二页：url: https://www.qiushibaike.com/hot/page/2/
- 第三页：url: https://www.qiushibaike.com/hot/page/3/
- 第四页：url: https://www.qiushibaike.com/hot/page/4/

这样我们的 url 规律找到了，要想爬取所有的内容，只需要修改一个参数即可。下面我们就开始一步一步将所有的糗事段子都爬取下来。

6.3.1　获取数据

（1）按照我们之前的用法，需要一个加载网页的方法。

这里我们统一定义一个类，将 url 请求作为一个成员方法来处理。我们再创建一个程序文件，命名为 6-18.py，在其中定义一个 Spider 类，并且添加一个加载网页的成员方法。

```python
import requests
class Spider:
    """
        糗事百科爬虫类
    """
    def loadPage(self, page):
        """
            @brief 定义一个 url 请求网页的方法
            @param page 需要请求的第几页
            @returns 返回的网页 url
        """
        url = " https://www.qiushibaike.com/hot/page/" + str(page)+ "/"
        #user-Agent 头
        user_agent = "Mozilla/5.0 (compatible; MSIE 9.0; Windows NT6.1;
Trident/5.0"
        headers = {"User-Agent":user_agent}
        req = requests.get(url, headers = headers)
        print(req.text)
```

（2）编写 main()函数，测试一个 loadPage()方法。

```python
if __name__ == "__main__":
    """
        =====================
            内涵段子小爬虫
        =====================
    """
    print("请按下回车键开始")
    raw_input()
```

```
# 定义一个 Spider 对象
mySpider = Spider()
mySpider.loadPage(1)
```

程序正常执行的话，我们会在屏幕上打印输出内涵段子第一页的全部 html 代码，运行结果如图 6.17 所示。

图 6.17　输出网页的源代码

6.3.2　筛选数据

接下来我们已经得到了整个网页的数据，但是很多内容我们并不关心，所以下一步我们需要筛选数据。如何筛选，就用到了上一节讲述的正则表达式。

首先导入正则表达式模块：

```
import re
```

然后，我们在得到的结果中进行筛选。

我们需要一个匹配规则。打开糗事百科的网页，用鼠标右键单击网页，从弹出的快捷菜单中选择"查看源代码"选项，你会惊奇地发现，我们需要的每个段子的内容都在成对的<div>标签中，而且每个 div 标签都有一个属性 class="content"，而且中间还有一个<span></span>，如图 6.18 所示。

```
<div class="content">
<span>

女同事从外面拿来一大包东西放在桌上。<br/>趁她不在，我一个同事手贱打开了，是一大包饼
干。<br/>由于平常大家关系都不错，我们几个便吃起来，女同事回来时，我们吃的正高兴。
<br/>只见女同事的脸抽搐了下，说到，这是我朋友给我的。<br/>我一个同事坏笑说，谁给的
我也吃，我吃东西还管谁给的啊？<br/>女同事叹气说，唉，你们想吃就吃吧，那是我朋友家狗
吃剩的，让我拿回来给我家狗狗吃的狗根。<br/>他么的，让我吐会儿，我说怎么有骨头形状
的，

</span>

</div>
```

图 6.18　查看糗百网页的源代码

根据正则表达式，我们可以推算出一个公式：

```
'<div class="content">\n<span>(.*?)</span>'
```

这个正则表达式实际上就是匹配到所有 div 中 class="content"中的<span></span>里面的内容（具体可以看前面的介绍）。

然后将这个正则表达式应用到代码中，我们会得到以下代码：

```python
import requests
import re
class Spider:
    """
        糗事百科爬虫类
    """
    def loadPage(self, page):
        """
            @brief 定义一个url请求网页的方法
            @param page 需要请求的第几页
            @returns 返回的网页url
        """
        url = " https://www.qiushibaike.com/hot/page/" + str(page)+ "/"
        #user-Agent 头
        user_agent = "Mozilla/5.0 (compatible; MSIE 9.0; Windows NT6.1;
Trident/5.0"
        headers = {"User-Agent":user_agent}
        req = requests.get(url, headers = headers)
        pattern = re.compile(r'<div class="content">\n<span>(.*?)</span>',re.S)
        item_list = pattern.findall(req.text)
        return item_list
    def printOnePage(self, item_list, page):
        """
            @brief 处理得到的段子列表
            @param item_list 得到的段子列表
            @param page 处理第几页
        """

        print("*********第%d 页，爬取完毕...******"%page)
        for item in item_list:
            print("===============")
            print(item)
```

```
if __name__ == "__main__":
    """
        ====================
            糗事百科小爬虫
        ====================
    """
    print("请按下回车键开始")
    input()

    #定义一个 Spider 对象
    mySpider = Spider()
    mySpider.printOnePage(mySpider.loadPage(1),1)
```

这里需要注意的是，re.S 是正则表达式中匹配的一个参数。如果没有 re.S 就只匹配一行是否有符合规则的字符串，如果没有，则从下一行重新匹配。如果加上 re.S 就是将所有的字符串按一个整体进行匹配，findall 方法会将匹配到的所有结果封装到一个列表中。

如果我们编写了一个遍历 item_list 的方法 printOnePage()，那么我们再一次执行一下，运行结果大致会如图 6.19 所示。

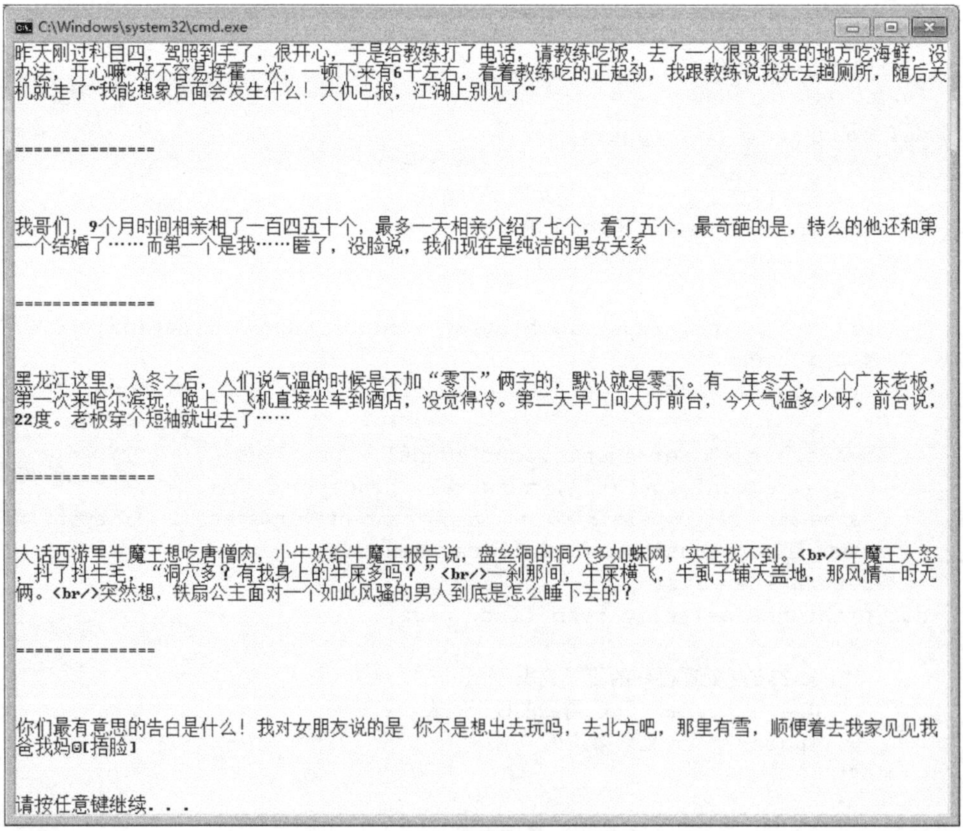

图 6.19　筛选数据的结果

我们第一页的全部段子，不包含其他信息，全部都打印出来了。

6.3.3　保存数据

我们可以将所有的段子存放到文件中。比如，我们可以不打印得到的每项信息或数据，而是将它们写入一个名为 qiushi.txt 的文件中。

```
def writeToFile(self, text):
    """
        @brief 将数据追加写进文件中
        @param text 文件内容
    """

    myFile = open("./qiushi.txt", "a")   #a 追加形式打开文件
    myFile.write(text)
    myFile.write("------------------------")
    myFile.close()
```

然后，我们将所有的 print 语句改写成 writeToFile()，随后当前网页的所有段子就保存到本地的 duanzi.txt 文件中了。

```
def printOnePage(self, item_list, page):
    """
        @brief  处理得到的段子列表
        @param item_list 得到的段子列表
        @param page 处理第几页
    """

    print("***第%d 页，爬取完毕****"%page)
    for item in item_list:
        item = item.replace("<p>", "").replace("</p>", "").replace("<br />". "")
        self.writeToFile(item)
```

6.3.4　显示数据

接下来我们通过参数的传递对网页进行循环迭代来遍历糗事百科的全部段子内容,只需要在外层加上一些逻辑处理即可。

```
def doWork(self):
    """
        让爬虫开始工作
    """
    while self.enable:
        try:
            item_list = self.loadPage(self.page)
        except urllib2.URLError, e:
            print e.reason
            continue
```

```
# 对得到的段子 item_list 进行处理
self.printOnePage(item_list, self.page)
self.page += 1
print "按回车继续...."
print "输入 quit 退出"

command = raw_input()
if(command == "quit"):
    self.enable = False
    break
```

最后，执行上面的程序，执行完成后查看当前路径下的 qiushi.txt 文件，里面应该已经有了我们要的糗事段子了。

6.4 总结

通过本章的学习，读者可以了解到如何使用正则表达式对爬取的数据进行筛选和处理，从中提取出真正符合我们需求的内容。

第 7 章

JSON文件处理、CSV文件处理和 MySQL数据库操作

文件处理和数据库操作在 Python 爬虫中起着重要的作用，尤其是作为网络数据载体的 JSON 文件、CSV 文件以及数据库处理。Python 对这些文件及数据库的操作都提供了丰富的解决方案。使用 Python 特定功能可以很容易地对 JSON 文件、CSV 文件以及数据进行各种操作。本章就来学习这些内容。

本章主要涉及的知识点有：

- 了解 JSON 文件处理的方法
- 了解 CSV 文件处理的方法
- 学会 MySQL 数据库的基本操作和使用

7.1 简识 JSON

本节我们首先来看 JSON 文件，学习一下什么是 JSON 文件以及 Python 中常见的对 JSON 文件的操作。

7.1.1 什么是 JSON

JSON（JavaScript Object Notation，JS 对象表示法）是一种轻量级的数据交换格式，基于 ECMAScript（W3C 制定的 JS 规范）的一个子集，采用完全独立于编程语言的文本格式来存储和表示数据。简洁和清晰的层次结构使得 JSON 成为理想的数据交换语言。JSON 易于人的阅读和编写，同时也易于机器的解析和生成，并可有效地提升了网络传输的效率。

JSON 支持的数据格式包括以下几类：

- 对象（字典），使用花括号。
- 数组（列表），使用方括号。
- 整数类型、浮点类型、布尔类型和 null 类型。
- 字符串类型（字符串必须要用双引号，不能用单引号）。

● 多个数据之间使用逗号分隔开。

> JSON 本质上就是一个字符串。

7.1.2 字典和列表转 JSON

字典、列表是 Python 中的特殊数据类型，都能够转换为 JSON 数据。下面我们将通过一个范例程序来说明如何将字典、列表转换为 JSON 数据。

【范例程序 7-1】将字典和列表转换为 JSON 数据

范例程序 7-1 的代码

```python
import json
books = [
    {
        'title': '钢铁是怎样练成的',
        'price': 9.8
    },
    {
        'title': '红楼梦',
        'price': 9.9
    }
]
json_str = json.dumps(books,ensure_ascii=False)
print(json_str)
```

以上代码调用 JSON 模块中的 dumps()方法将指定的列表（包含字典）数据转化为了 JSON 字符串。因为 JSON 在转储（Dump）的时候，只能存放 ASCII 编码的字符，因此会将中文进行转义，这时我们可以使用 ensure_ascii=False 关闭这个特性。将以上代码保存到程序文件 7-1.py 中，执行该程序，结果如图 7.1 所示。

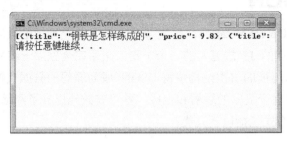

图 7.1　将字典和列表转换为 JSON 数据

在 Python 中，只有基本数据类型才能转换成 JSON 格式的字符，这些基本数据类型为 int（整数类型）、float（浮点类型）、str（字符串类型）、list（列表）、dict（字典）、tuple（元组）。

7.1.3　将 JSON 数据转储到文件中

JSON 模块中除了 dumps()方法外，还有一个 dump()方法（或函数），这个方法可以传入一个文件指针，直接将字符串转储（Dump）到文件中。

【范例程序 7-2】将 JSON 数据转储到文件中

范例程序 7-2 的代码

```python
import json
books = [
    {
        'title': '钢铁是怎样练成的',
        'price': 9.8
    },
    {
        'title': '红楼梦',
        'price': 9.9
    }
]
with open('a.JSON','w') as fp:
    json.dump(books,fp)
```

以上代码使用 JSON 模块中的 dump()方法将指定的列表（包含字典）数据直接转储到指定的文件中。其中，第一个参数是要转储的数据，第二个参数为打开的文件指针。另外，还要调用 open()方法打开文件。将以上代码保存到程序文件 7-2.py 中，执行该程序，将会在当前目录下生成一个 a.JSON 文件，其内容如 7.2 所示。

图 7.2　生成的 JSON 文件内容

7.1.4　将一个 JSON 字符串加载为 Python 对象

7.1.2 小节介绍了如何将 Python 数据转化为 JSON 字符串，其实 Python 也支持逆向操作，即将 JSON 字符串加载为 Python 对象。这时只需要调用 JSON 的 loads()方法即可。下面通过一个范例程序来说明。

【范例程序 7-3】将 JSON 数据字符串加载为对象

范例程序 7-3 的代码

```
import json
json_str='[{"title": "钢铁是怎样练成的", "price": 9.8}, {"title": "红楼梦",
"price": 9.9}]'
books=json.loads(json_str,encoding='utf-8')
print(type(books))
print(books)
```

以上代码调用 JSON 模块中的 loads()方法将 JSON 字符串加载为 Python 对象，并输出对象的类型及内容。其中，encoding 参数用于指定加载的编码，以防止出现乱码。将以上代码保存到程序文件 7-3.py 中，执行该程序，结果如图 7.3 所示。

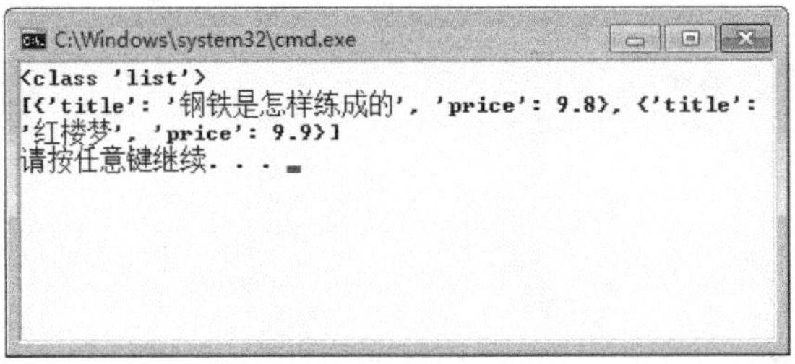

图 7.3　将 JSON 字符串加载为 Python 对象

7.1.5　从文件中读取 JSON

Python 还支持将文件中包含的 JSON 数据读取出来，再进行后续的操作。调用 load()方法加上打开包含 JSON 数据的文件指针即可。

在读取前，假设当前目录中有 a.JSON 文件，其内容如下所示。

```
[{"title": "\u94a2\u94c1\u662f\u600e\u6837\u7ec3\u6210\u7684", "price": 9.8},
{"title": "\u7ea2\u697c\u68a6", "price": 9.9}]
```

【范例程序 7-4】从文件中读取 JSON 数据

范例程序 7-4 的代码

```
import json
with open('a.JSON','r',encoding='utf-8') as fp:
    json_str=json.load(fp)
print(json_str)
```

以上代码调用 JSON 模块中的 load()方法从打开的文件中读取 JSON 数据，并输出结果。在打开文件时需要注意，这里使用 encoding 参数来指定加载的编码，以防止出现乱码。将以上代码保存到程序文件 7-4.py 中，执行该程序，结果如图 7.1 所示。

7.2　CSV 文件处理

CSV 文件是一类文件的简称，逗号分隔值（Comma-Separated Values，CSV，有时也称为字符分隔值，因为分隔符也可以不是逗号），其文件以纯文本形式存储表格数据（数字和文本）。

纯文本意味着该文件是一个字符序列，不含有以二进制方式表示的数据。CSV 文件由任意数目的记录组成，记录间以某种换行符分隔；每条记录由字段组成，字段之间的分隔符是其他字符或字符串，最常见的是逗号或制表符。所有记录都有完全相同的字段序列，CSV 文件通常都是纯文本文件。

Python 也提供了对 CSV 文件的支持，本节来学习如何使用 Python 对 CSV 文件进行读写的操作。

7.2.1　读取 CSV 文件

读取 CSV 文件内容是最基本的操作之一。调用 CSV 的 reader() 方法即可实现对 CSV 文件的读取操作。

在开始编写具体代码前，先在当前目录下创建一个 data.csv 文件，其内容如下所示。

```
name,price,author
三国演义,48,罗贯中
红楼梦,50,曹雪芹
西游记,45,吴承恩
三体,20,刘慈欣
```

把以上代码保存到 data.csv 文件中备用。

【范例程序 7-5】读取 CSV 文件

范例程序 7-5 的代码

```
import csv
with open('data.csv','r') as fp:
    reader=csv.reader(fp)
    titles=next(reader)
    for x in reader:
        print(x)
```

该范例程序在读取 CSV 文件之后，就可以通过下标来提取数据了。将以上代码保存到程序文件 7-5.py 中，执行该程序，结果如图 7.4 所示。

图 7.4　读取 CSV 文件

如果想要在从 CSV 文件读取数据之后再通过标题来提取数据，那么可以调用 DictReader()
方法。

【范例程序 7-6】读取 CSV 文件 II

范例程序 7-6 的代码

```
import csv
with open('data.csv','r') as fp:
    reader=csv.DictReader(fp)
    titles=next(reader)
    for x in reader:
        print(x['author'],end="\t")
        print(x['name'],end="\t")
        print(x['price'])
```

以上代码调用 DictReader()方法进行 CSV 文件内容的读取，之后就可以使用标题的方式
（其实是字典的方式）来提取内容了。这里的标题即为文件内容首列的标题。将以上代码保存
到程序文件 7-6.py 中，执行该程序，结果如图 7.5 所示。

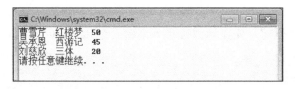

图 7.5　通过标题来提取 CSV 文件中的数据

由于程序 7-6.py 是用字典的形式来读取 CSV 文件内容的，因此可以自己决定先显示哪一
列，同时也不再是以列表的形式输出。

7.2.2　把数据写入 CSV 文件

当把数据写入 CSV 文件时，需要创建一个 writer 对象，主要会调用两个方法：一个是
writerow，可写入一行；一个是 writerows，可写入多行。下面分别演示单行写入与多行写入。

【范例程序 7-7】把数据写入 CSV 文件

范例程序 7-7 的代码

```
import csv
headers = ['name','price','author']
values = [
    ('流浪地球',18,'刘慈欣'),
    ('梦的解析',30,'弗洛伊德'),
    ('时间简史',35,'斯蒂芬·威廉·霍金')
]
with open('book.csv','w',newline='') as fp:
    writer=csv.writer(fp)
    writer.writerow(headers)
    writer.writerows(values)
```

把以上代码保存到程序文件 7-7.py 中，执行该程序，将会在当前目录生成一个名为 book.csv 的文件，其内容如图 7.6 所示。

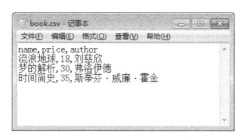

图 7.6　生成的 book.csv 的内容

除了按行写入 CSV 文件之外，也可以使用字典的方式把数据写入 CSV 文件，这时就需要调用 DictWriter()方法。

【范例程序 7-8】以字典方式写入 CSV 文件

范例程序 7-8 的代码

```
import csv
headers = ['name','price','author']
values = [
    {"name":'流浪地球',"price":18,"author":'刘慈欣'},
    {"name":'梦的解析',"price":30,"author":'弗洛伊德'},
    {"name":'时间简史',"price":35,"author":'斯蒂芬·威廉·霍金'}
]
with open('book2.csv','w',newline='') as fp:
    writer=csv.DictWriter(fp,headers)
    writer.writerow({"name":'三体',"price":20,"author":'刘慈欣'})
    writer.writerows(values)
```

以上代码定义了一组字典列表，然后调用 CSV 模块中的 DictWriter()方法初始对象，最后调用 writerow()方法将字典内容写入 CSV 文件中。把以上代码保存到程序文件 7-8.py 中，执行该程序，将会在当前目录生成一个名为 book2.csv 的文件，其内容如图 7.7 所示。

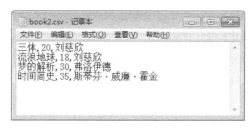

图 7.7　生成的 book.csv 的内容

7.2.3　练习

前面两小节介绍了对 CSV 文件的读写操作，本节就综合前面两小节的内容做一个小练习，自定义一组函数实现对 CSV 文件的综合操作。

【范例程序 7-9】自定义函数综合处理 CSV 文件

范例程序 7-9 的代码

```python
import csv
# 通过下标读取文件
def read_csv_demo():
    with open('','r') as fp:
        # reader 是一个迭代器
        reader=csv.reader(fp)
        # next 会对迭代器从开始位置加一
        next(reader)
        for x in reader:
            name = [3]
            other = [-1]
            print({'name': name, 'other': other})
# 通过字典读取文件
def read_csv_demo2():
    with open('','r') as fp:
        # 使用 DictReader 创建的 reader 对象
        # 不会包含的那行数据
        reader = csv.DictReader(fp)
        for x in reader:
            value = {'name':x['name'],'other':x['other']}
            print(value)
# 通过字典写入文件
def read_csv_demo3():
    headers=['username','age','height']
    values=[
        {'张三','18','156'},
        {'李四','19','184'},
        {'王五','20','168'}
    ]
    # newline 是写入一行后要执行的操作
    with open('classroom.csv','w',encoding='utf-8',newline='') as fp:
        writer= csv.writer(fp)
        # 写入表头
        writer.writerow(headers)
        # 写入数据
        writer.writerows(values)
# 通过字典写入文件
def read_csv_demo4():
    headers=['username','age','height']
    values=[
```

```
        {'username':'张三','age':18,'height':156},
        {'username':'李四','age':19,'height':184},
        {'username':'王五','age':20,'height':168}
    ]
    # newline 是写入一行后要执行的操作
    with open('classroom2.csv','w',encoding='utf-8',newline='') as fp:
        writer=csv.DictWriter(fp,headers)
        # 写入表头数据的时候，需要调用 writeheader()函数
        writer.writeheader()
        writer.writerows(values)
if __name__=='__main__':
    read_csv_demo4()
```

以上代码综合了对 CSV 文件的读写操作，并将它们整合到函数中。在实际应用中，编程人员可以根据自己的需要对系统已有的内容进行扩充，甚至可以自己创建类与模块，以实现复杂的应用需求。把以上代码保存到程序文件 7-9.py 中，执行该程序，将会在当前目录下创建名为 classroom2.csv 文件，其内容如图 7.8 所示。

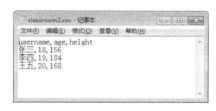

图 7.8　练习对 CSV 文件的操作

7.3 MySQL 数据库

MySQL 是一个关系型数据库管理系统，由瑞典 MySQL AB 公司开发，目前属于 Oracle 公司旗下的产品。MySQL 是最流行的关系型数据库管理系统之一。在 Web 应用方面，MySQL 是最好的 RDBMS（Relational Database Management System，关系数据库管理系统）应用软件。MySQL 数据库有如下特点：

● MySQL 是一种开放源代码的关系型数据库管理系统（RDBMS），使用最常用的数据库管理语言——结构化查询语言（SQL）进行数据库的管理。
● MySQL 是开放源代码的。
● MySQL 因为其速度、可靠性和适应性而备受关注。

7.3.1 MySQL 数据库的安装

在安装之前，编程人员需要去 MySQL 官网下载适合自己系统的安装包，之后就可以正式

开始安装过程了。

（1）单击 MySQL 5.5.21 的安装文件，就会出现该数据库的安装向导界面，单击【Next】按钮继续安装，如图 7.9 所示。

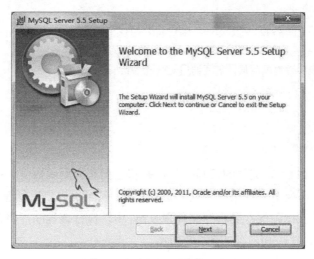

图 7.9　MySQL 安装欢迎界面

（2）在打开的窗口中，选择接受安装协议，单击【Next】按钮继续安装，如图 7.10 所示。

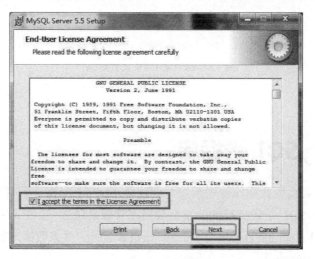

图 7.10　协议界面

（3）在出现选择安装类型的窗口中，有 typical（典型，默认方式）、Complete（完全）、Custom（自定义）3 个选项，我们选择 "Custom" 选项，因为通过自定义可以让我们更加熟悉它的安装过程，然后单击【Next】按钮继续安装，如图 7.11 所示。

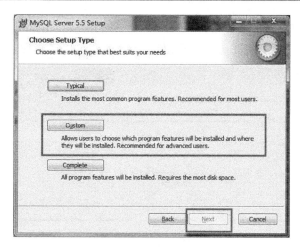

图 7.11 安装类型选择界面

（4）在出现自定义安装界面中选择 MySQL 数据库的安装路径，这里设置的是"D:\Program File\MySQL"，单击【Next】按钮继续安装，如图 7.12 所示。

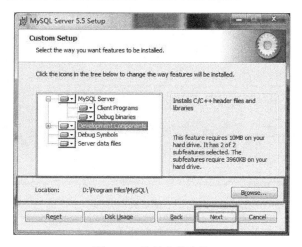

图 7.12 选择安装路径

（5）接下来进入准备安装的界面，首先确认一下先前的设置，如果有误就按【Back】按钮返回，如果没有错误就单击【Install】按钮继续安装，如图 7.13 所示。

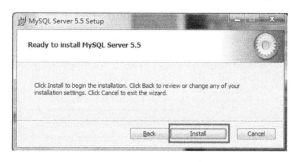

图 7.13 准备正式安装的界面

（6）单击【Install】按钮之后就会出现正在安装的界面，如图 7.14 所示。经过很少的时间，MySQL 数据库就可以安装完成，而后出现完成 MySQL 安装的界面。

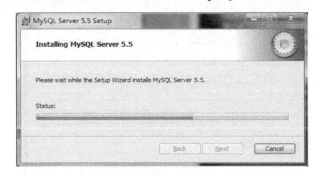

图 7.14　正在安装的界面

之后出现如图 7.15 所示的界面，在这个界面单击【Next】按钮即可。

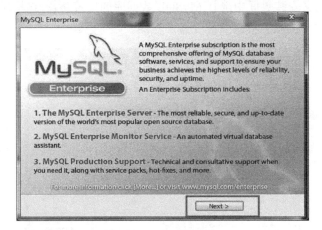

图 7.15　信息提示界面

注意，要选中图 7.16 中的"Launch the MySQL Instance Configuration Wizard"选项，这是启动 MySQL 的配置。最后单击【Finish】按钮，进入到配置界面。

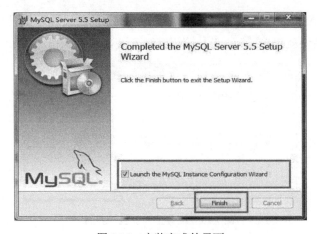

图 7.16　安装完成的界面

（7）MySQL 数据库的安装十分简单，关键是安装完成之后的配置。单击【Finish】按钮之后就会出现如图 7.17 所示的配置向导的界面，单击【Next】按钮进行配置。

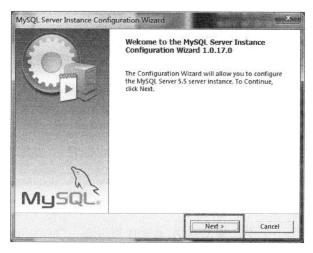

图 7.17　开始配置 MySQL 的界面

（8）在打开的配置类型窗口中选择配置的方式："Detailed Configuration（手动详细配置）"、"Standard Configuration（标准配置）"。为了熟悉过程，我们选择"Detailed Configuration（手动详细配置）"，然后单击【Next】按钮继续，如图 7.18 所示。

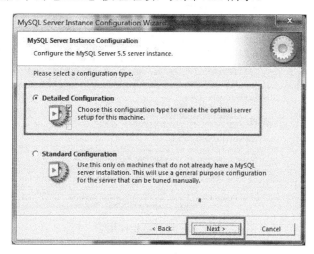

图 7.18　选择配置类型的界面

（9）在出现的窗口中，选择服务器的类型："Developer Machine（开发者测试类）"、"Server Machine（服务器类型）"、"Dedicated MySQL Server Machine（专门的 MySQL 数据库服务器）"。我们仅仅是用来学习和测试，所以采用默认设置即可，单击【Next】按钮继续，如图 7.19 所示。

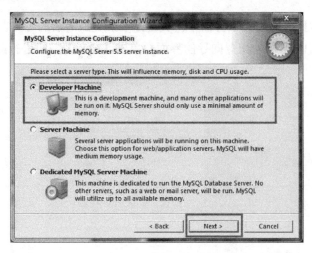

图 7.19　配置服务类型

（10）在出现的配置界面中选择 MySQL 数据库的用途："Multifunctional Database（通用多功能型）"、"Transactional Database Only（事务处理服务器类型）"、"Non-Transactional Database Only（非事务处理型）"。这里选择的是第一项，即通用多功能型，然后单击【Next】按钮继续配置，如图 7.20 所示。

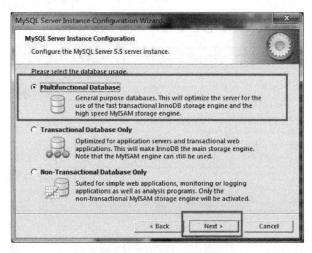

图 7.20　选择数据库用途

（11）在出现的界面中，对 InnoDB Tablespace 进行配置，就是为 InnoDB 数据库文件选择一个存储空间，如图 7.21 所示。如果修改了，要记住这个位置，重新安装的时候要选择同样这个位置，否则可能会造成数据库的损坏。当然，对数据库做个备份就没有问题了。

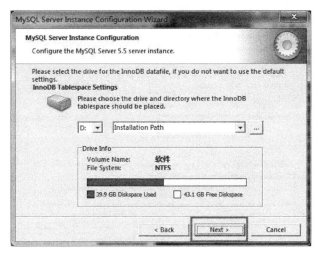

图 7.21　选择数据库存储的位置

（12）在打开的窗口中，选择 MySQL 的访问量和同时连接的数量："Decision Support(DSS)/OLAP（20 个左右）"、"Online Transaction Processing(OLTP)（500 个左右）"、"Manual Setting（手动设置）"。这里选择手动设置，设置为 15 个，单击【Next】按钮继续，如图 7.22 所示。

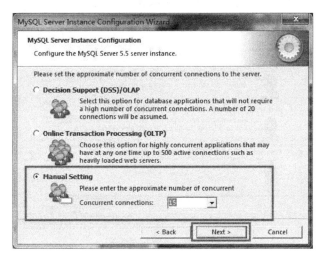

图 7.22　设置同时连接的数量

（13）在打开的窗口中，设置是否启用 TCP/IP 连接，设置端口。如果不启用，就只能在自己的机器上访问 MySQL 数据库了，这也是连接 Java 的操作。默认的端口是 3306，并启用严格的语法设置，单击【Next】按钮继续，如图 7.23 所示。

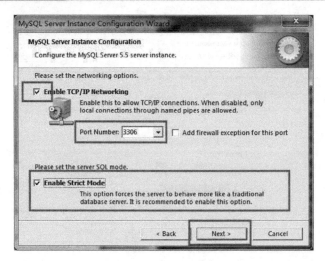

图 7.23　设置连接的端口

（14）在打开的字符编码窗口中，设置 MySQL 要使用的字符编码：第一个是西文编码，第二个是多字节的通用 UTF-8 编码，第三个是手动。我们选择 UTF-8 编码或者是 GBK 编码，单击【Next】按钮，继续配置，如图 7.24 所示。

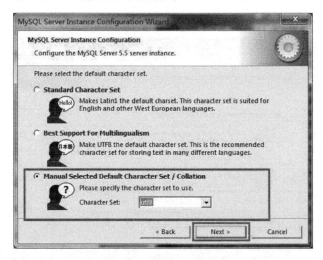

图 7.24　设置字符编码

（15）在打开的窗口中，选择是否将 MySQL 安装为 Windows 服务，还可以指定 Service Name（服务标识名称），以及设置是否将 MySQL 的 bin 目录加入到 Windows PATH（加入后，就可以直接使用 bin 下的文件，而不用指出目录名）中。比如连接，"mysql –u username –p password;"就可以了，单击【Next】按钮继续配置，如图 7.25 所示。

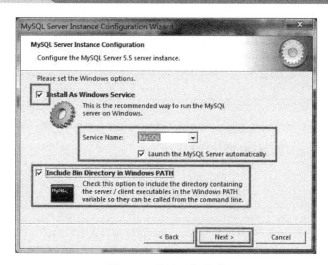

图 7.25　设置服务类型

（16）在打开的窗口中，设置是否要修改默认 root 用户（系统管理员或超级用户）的密码（默认为空），如果要修改，就在"New root password"框中填入新密码，并启用 root 远程访问的功能，不要创建匿名用户，单击【Next】按钮继续配置，如图 7.26 所示。

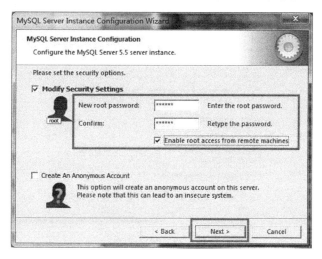

图 7.26　设置系统管理员

（17）到这里所有的配置操作就都完成了，单击【Execute】按钮执行配置使之生效，如图 7.27 所示。

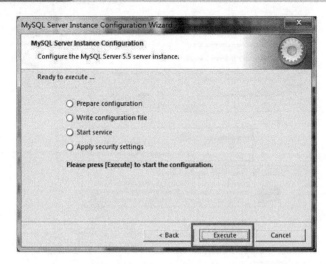

图 7.27　单击【Execute】按钮执行配置使之生效

（18）经过几分钟之后会出现如图 7.28 所示的提示界面，代表 MySQL 配置已经结束，并提示安装和配置成功的信息。

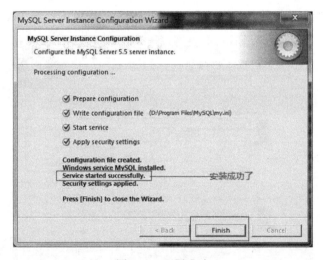

图 7.28　配置成功

（19）在服务器中启动 MySQL 数据库，并在命令窗口中输入"mysql –h localhost –u root -p"，接着在出现的提示中输入用户的密码，如图 7.29 所示，可以看到 MySQL 数据库在启动之后成功登录了。在此，我们就可以对数据库进行操作了。

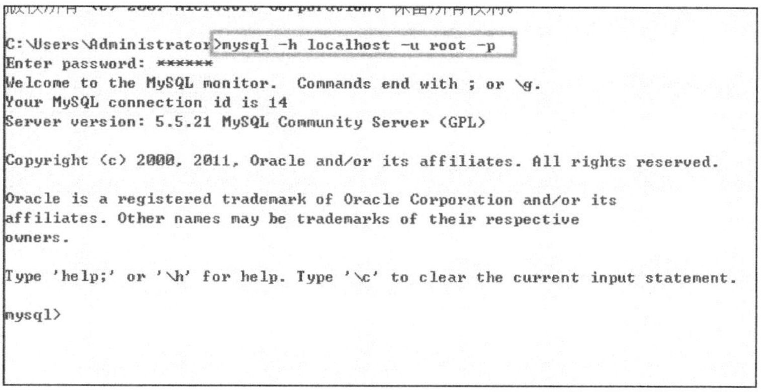

```
C:\Users\Administrator>mysql -h localhost -u root -p
Enter password: ******
Welcome to the MySQL monitor.  Commands end with ; or \g.
Your MySQL connection id is 14
Server version: 5.5.21 MySQL Community Server (GPL)

Copyright (c) 2000, 2011, Oracle and/or its affiliates. All rights reserved.

Oracle is a registered trademark of Oracle Corporation and/or its
affiliates. Other names may be trademarks of their respective
owners.

Type 'help;' or '\h' for help. Type '\c' to clear the current input statement.

mysql>
```

图 7.29　成功连接服务并登录

7.3.2　安装 MySQL 模块

要想使用 MySQL，Python 还需要安装 MySQL 模块。MySQL 模块的安装方式与其他模块类似，使用 pip3 执行 install 命令即可，如下所示。

```
pip3 install mysql
```

然后该命令会自动搜索并下载和安装 MySQL 模块。安装成功之后，尝试执行：

```
import MySQLdb
```

如果没有错误提示，就说明安装成功了。

7.3.3　连接 MySQL

成功安装 Python 的 MySQL 模块之后就可以使用该模块对 MySQL 数据库进行操作了。最基本的操作包括连接服务器、选择数据库、执行 SQL 语句等。执行 SQL 操作需要以下步骤：

（1）配置数据库连接信息。

（2）连接数据库，获取连接对象。

（3）使用连接对象，获取一个游标（Cursor）对象。

（4）使用游标对象提供的方法执行 SQL 语句。

（5）关闭游标对象，关闭连接对象。

要连接 MySQL 数据库，可以调用 MySQLdb 模块的 connect()方法，该方法的语法格式如下所示。

```
connect(host='127.0.0.1',user='root',passwd='1234',db='mydb')
```

其中，host 代表服务器名；user 为登录用户名；passwd 代表指定用户的密码；db 为所需要连接的数据库。根据需要填写相应的内容即可。

下面通过一个范例程序来说明如何使用 Python 连接数据库。

【范例程序 7-10】连接 MySQL

范例程序 7-10 的代码

```python
import MySQLdb                                                    # 导入模块
conn=MySQLdb. connect(host='127.0.0.1',user='root',passwd='',db='test')
# 连接数据库
cur=conn.cursor()                                                # 创建游标对象
if cur:
    print("成功连接到 MySQL")
cur.close()
conn.close()
```

以上代码调用 MySQLdb 的 connect()方法实现了对 MySQL 服务器的连接。将以上代码保存到程序文件 7-10.py 中，执行该程序，结果如图 7.30 所示。

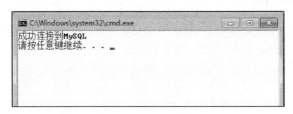

图 7.30　连接 MySQL

执行以上程序代码时需要注意的是，一定要打开 MySQL 服务，如果没有打开服务就会出现连接错误，而且需要注意用户名一定要正确，所要连接的数据库也必须是确实存在的。

7.3.4　执行 SQL 语句

调用游标对象的 execute()方法就可以执行 SQL 语句。既然已经连接到 MySQL，并且已经成功创建了游标对象，就可以使用该方法执行相应的 SQL 语句。该方法的语法格式如下所示。

```python
execute(self, query, args)
```

以上代码中的参数 query 为需要执行的 SQL 语句，args 为语句的参数列表，执行该方法将会执行相应的 SQL 语句，返回值为数据库中受影响的行数。

执行过 SQL 语句之后，可以调用 fetchone()方法或 fetchall()方法来返回一条结果行或所有结果行。

下面通过一个范例程序来说明如何在 Python 下执行 SQL 语句。

【范例程序 7-11】执行 SQL 语句

范例程序 7-11 的代码

```python
import MySQLdb                                                    # 导入模块
# 连接数据库
conn=MySQLdb.connect(host='127.0.0.1',user='root',passwd='',db='test')
```

```
cur=conn.cursor()                          # 创建游标对象
sql="select version()"                     # 定义 SQL 语句查看版本
cur.execute(sql)                           # 执行 SQL 语句
version=cur.fetchone()                     # 获取结果
print("当前 MySQL 的版本为: ",version)      # 输出结果
sql="select now()"                         # 定义 SQL 语句查看时间
cur.execute(sql)
time=cur.fetchone()
print("当前日期时间为: ",time)
cur.close()
conn.close()
```

以上代码定义了相应的 SQL 语句，然后通过 execute()方法来执行语句并返回相应的结果。将以上代码保存到程序文件 7-11.py 中，执行该程序，结果如图 7.31 所示。

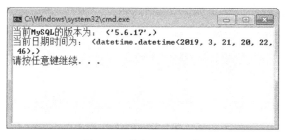

图 7.31　执行 SQL 语句

7.3.5　创建表

表（也称为数据表）是构成数据库的基本元素，很多操作都要针对表来执行的，所以创建表是对数据进行操作的前提。本小节就在上一小节执行 SQL 语句的基础上来在数据库 test 中创建表。

【范例程序 7-12】创建表

范例程序 7-12 的代码

```
import MySQLdb                             # 导入模块
conn=MySQLdb.connect(host='127.0.0.1',user='root',passwd='',db='test')
# 连接数据库
cur=conn.cursor()                          # 创建游标对象
sql="show tables"                          # 定义 SQL 语句
cur.execute(sql)                           # 执行 SQL 语句
result=cur.fetchone()                      # 获取结果
print("当前数据库中表的个数为: ",result)     # 输出结果
sql_create_table="""CREATE TABLE STUDENT (
        ID INT,
        NAME  CHAR(20) NOT NULL,
```

129

```
        AGE INT,
        SEX CHAR(2),
        DEGREE INT )"""
cur.execute(sql_create_table)
sql="show tables"                              # 定义 SQL 语句
cur.execute(sql)                               # 执行 SQL 语句
result=cur.fetchone()                          # 获取结果
print("建表操作后数据库中表的个数为: ",result)     # 输出结果
cur.close()
conn.close()
```

以上代码定义了相应的 SQL 语句，然后通过 execute()方法来执行语句。其中，创建了一个名为 student 的表，共有 5 个字段，分别为 ID、NAME、AGE、SEX 以及 DEGREE。执行这段代码，将会在 test 数据库中创建 student 表，并返回相应的结果。将以上代码保存到程序文件 7-12.py 中，执行该程序，结果如图 7.32 所示。

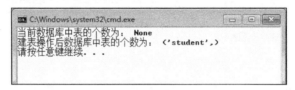

图 7.32　创建表

 在创建前数据库中不能存在有同名的表，如果存在同名的表就会导致建表失败，而且会出现错误提示信息。

7.3.6　插入数据

有了表就需要向表中插入数据,这依然要靠游标对象的 execute()方法执行插入数据的 SQL 语句来实现。

MySQL 中的插入语句如下所示。

```
INSERT TABLENAME(COLUMN_NAME1, COLUMN_NAME2,...)
        VALUES ('VALUE1', 'VALUE2'...)
```

以上代码中 tablename 为需要执行插入的表的名称,column_name 为字段名(或者叫列名),value 为字段相对应的值。执行该 SQL 语句就会把指定的数据添加到表中。

下面通过一个范例程序来说明如何在 Python 中实现向表中插入数据。

【范例程序 7-13】插入数据

范例程序 7-13 的代码

```
import MySQLdb                                          # 导入模块
```

130

```
conn=MySQLdb.connect(host='127.0.0.1',user='root',passwd='',db='test')
                                                     # 连接数据库
cur=conn.cursor()                                    # 创建游标对象
conn.set_character_set('utf8')                       # 设置字符集
sql="SELECT COUNT(*) FROM STUDENT"                   # 定义 SQL 语句
cur.execute(sql)                                     # 执行 SQL 语句
result=cur.fetchone()                                # 获取结果
print("当前数据表 student 的记录数为：",result[0])      # 输出结果
print("执行插入数据")
insert="""INSERT INTO `STUDENT` (`ID`, `NAME`, `AGE`, `SEX`, `DEGREE`) VALUES
    ('1','李雷','15','男','1'),
    ('2','韩梅梅',15,'女','1'),
    ('3','张三','16','男','3'),
    ('4','小马','14','男','3'),
    ('5','高霞','15','女','3')
    """
cur.execute(insert)                                  # 执行插入操作
conn.commit()                                        # 提交操作
sql="SELECT COUNT(*) FROM STUDENT"                   # 定义 SQL 语句
cur.execute(sql)                                     # 执行 SQL 语句
result=cur.fetchone()                                # 获取结果
print("插入后数据表 student 的记录数为：",result[0])     # 输出结果
cur.close()
conn.close()
```

以上代码定义了相应的插入数据的 SQL 语句，然后通过 execute()方法来执行 SQL 语句以执行插入数据的操作。为了比较插入前后表中内容的区别，还执行了 SQL 获取表中的记录数量以比较前后的差别。将以上代码保存到程序文件 7-13.py 中，执行该程序，结果如图 7.33 所示。

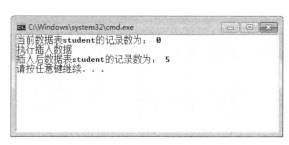

图 7.33　插入数据

在 Python 程序中调用 execute()操作数据库时，如果对数据表进行修改、删除、添加等控制操作，那么系统会将操作结果暂存在内存中，只有执行 commit()之后才会将操作提交到数据库。所以，操作完成后千万别忘了执行 commit()方法。

7.3.7 查看数据

查看数据与插入数据类似，使用 SELECT 语句即可，其语法格式如下所示。

```
select field1,field2,..., fieldn from 表名 [where 条件];
```

在以上代码中，field 为字段名称，where 为有条件的查询。

下面通过一个范例程序来说明如何实现简单的查看数据操作。

【范例程序 7-14】简单的数据查询

范例程序 7-14 的代码

```python
import MySQLdb                                              # 导入模块
conn=MySQLdb.connect(host='127.0.0.1',user='root',passwd='',db='test')
# 连接数据库
cur=conn.cursor()                                          # 创建游标对象
conn.set_character_set('utf8')                             # 设置字符集
sql="SELECT * FROM STUDENT"                                # 定义 SQL 语句
cur.execute(sql)                                           # 执行 SQL 语句
result=cur.fetchall()                                      # 获取结果
print("================================")
for re in result:                                          # 遍历结果
    print(re[0],end="")
    print("\t",re[1],end="")
    print("\t",re[2],end="")
    print("\t",re[3],end="")
    print("\t",re[4])
    print("================================")
cur.close()
conn.close()
```

以上代码首先定义了遍历表中所有记录的 SQL 语句，然后通过 execute()方法来执行语句并返回相应的结果，再使用 for 对结果集进行遍历，并输出所有内容。将以上代码保存到程序文件 7-14.py 中，执行该程序，结果如图 7.34 所示。

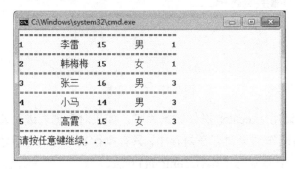

图 7.34　简单的数据查询

除了实现简单的数据查询之外，还可以通过 WHERE 子句实现有条件的查询操作，比如可以实现符合某个条件、字段等于某个特定值的记录。

【范例程序 7-15】有条件的数据查询

范例程序 7-15 的代码

```
import MySQLdb                                         # 导入模块
conn=MySQLdb.connect(host='127.0.0.1',user='root',passwd='',db='test')
 # 连接数据库
cur=conn.cursor()                                      # 创建游标对象
conn.set_character_set('utf8')                         # 设置字符集
sql="SELECT * FROM STUDENT WHERE SEX='男'"             # 定义 SQL 语句
cur.execute(sql)                                       # 执行 SQL 语句
result=cur.fetchall()                                  # 获取结果
print("所有的男性：")
print("===================================")
for re in result:
    print(re[0],end="")
    print("\t",re[1],end="")
    print("\t",re[2],end="")
    print("\t",re[3],end="")
    print("\t",re[4])
    print("===================================")
cur.close()
conn.close()
```

以上代码与程序 7-14.py 的不同之处在于使用 WHERE 子句限定了只返回性别为男性的记录内容，其他内容均与程序 7-14 相同。将以上代码保存到程序文件 7-15.py 中，执行该程序，结果如图 7.35 所示。

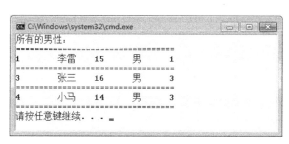

图 7.35　有条件的数据查询

7.3.8　修改数据

Python 也支持对表中数据的修改操作，同样是执行修改记录的 SQL 语句即可，其语法格式如下所示。

```
UPDATE table_name SET field1=value1, field2=value2 WHERE 条件
```

修改数据的 SQL 语句通常需要带 WHERE 条件子句,以保证只有符合条件的记录被修改,否则可能所有记录都会被改成某种状态,这显然不是我们愿意看到的结果。

【范例程序 7-16】修改表中的记录

范例程序 7-16 的代码

```
import MySQLdb                                              # 导入模块
conn=MySQLdb.connect(host='127.0.0.1',user='root',passwd='',db='test')
# 连接数据库
cur=conn.cursor()                                          # 创建游标对象
conn.set_character_set('utf8')                             # 设置字符集
sql="SELECT * FROM STUDENT WHERE ID='3'"                   # 定义 SQL 语句
cur.execute(sql)                                           # 执行 SQL 语句
re=cur.fetchone()                                          # 获取结果
print("修改前内容为: ")
print("================================")
print(re[0],end="")
print("\t",re[1],end="")
print("\t",re[2],end="")
print("\t",re[3],end="")
print("\t",re[4])
update="UPDATE STUDENT set DEGREE='2' WHERE ID='3'"        # 定义修改记录的 SQL 语句
cur.execute(update)                                        # 执行修改
conn.commit()                                              # 提交操作
sql="SELECT * FROM STUDENT WHERE ID='3'"                   # 定义 SQL 语句
cur.execute(sql)                                           # 执行 SQL 语句
re=cur.fetchone()                                          # 获取结果
print("修改后内容为: ")
print("================================")
print(re[0],end="")
print("\t",re[1],end="")
print("\t",re[2],end="")
print("\t",re[3],end="")
print("\t",re[4])
cur.close()
conn.close()
```

以上代码在修改前先查看了记录并输出内容,然后定义了执行修改记录的 SQL 语句,将 ID 值为 3 的用户级别由原来的 3 变为 2。注意,这里的 WHERE 子句用于限制修改的记录。执行修改操作之后重新查看记录,以比较修改前后内容的区别。将以上代码保存到程序文件 7-16.py 中,执行该程序,结果如图 7.36 所示。

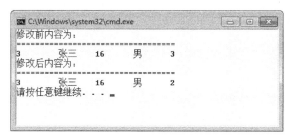

图 7.36　修改数据

7.3.9　删除数据

除了查看、插入、修改之外，删除数据也是一项常用的操作，调用游标对象的 execute() 方法执行删除记录的 SQL 语句 DELETE 就可以将指定数据删除。其语法格式如下所示。

```
DELETE FROM table_name [WHERE Clause]
```

执行该 SQL 语句就会将符合条件的记录从表中删除。与修改记录一样，这里也需要使用 WHERE 子句，这样可以确保只有满足一定条件的记录才会被删除。如果不使用 WHERE 条件 子句，那么所有记录都会被删除，后果将无法挽回。

下面的范例程序将说明如何在 Python 下执行删除数据的操作。

【范例程序 7-17】删除数据

范例程序 7-17 的代码

```
import MySQLdb                                             # 导入模块
conn=MySQLdb.connect(host='127.0.0.1',user='root',passwd='',db='test')
# 连接数据库
cur=conn.cursor()                                         # 创建游标对象
conn.set_character_set('utf8')                            # 设置字符集
sql="SELECT * FROM STUDENT"                               # 定义 SQL 语句
cur.execute(sql)                                          # 执行 SQL 语句
result=cur.fetchall()                                     # 获取结果
print("删除记录之前表中内容为：")
print("===================================")
for re in result:                                         # 遍历结果
    print(re[0],end="")
    print("\t",re[1],end="")
    print("\t",re[2],end="")
    print("\t",re[3],end="")
    print("\t",re[4])
    print("===================================")
sql_del="DELETE FROM STUDENT WHERE id='4'"                # 定义删除语句
cur.execute(sql_del)                                      # 执行删除操作
conn.commit()                                             # 提交操作
```

```
sql="SELECT * FROM STUDENT"                    # 定义 SQL 语句
cur.execute(sql)                               # 执行 SQL 语句
result=cur.fetchall()                          # 获取结果
print("删除记录之后表中内容为：")
print("================================")
for re in result:                              # 遍历结果
    print(re[0],end="")
    print("\t",re[1],end="")
    print("\t",re[2],end="")
    print("\t",re[3],end="")
    print("\t",re[4])
    print("================================")
cur.close()
conn.close()
```

以上代码在删除前查看了所有记录并输出内容，之后定义了删除记录的 SQL 语句，将 ID 值为 4 的记录进行删除。注意，这里的 WHERE 子句用于限制删除的记录。执行删除操作，之后再次遍历记录，以比较删除前后内容的区别。将以上代码保存到程序文件 7-17.py 中，执行该程序，结果如图 7.37 所示。

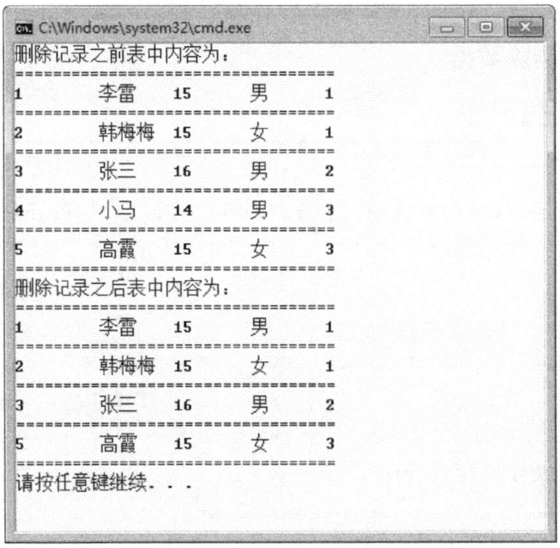

图 7.37　删除数据

查看图 7.37 的执行结果，可以发现 ID 为 4 的记录已经被删除了。

7.3.10　实践操作

本小节将综合前面学习的数据库知识进行一个简单的实践——爬取鼠绘漫画网的漫画内容。

【范例程序 7-18】用 Python 3.x 与 MySQL 数据库构建简单的爬虫系统

136

范例程序 7-18 的代码

```
import urllib.request
import re
from mysql.connector import *

# 爬取整个网页的方法
def open_url(url):
    req=urllib.request.Request(url)
    respond=urllib.request.urlopen(req)
    html=respond.read().decode('utf-8')
    return html

# 爬取每个网页中每一话漫画对应的链接
def get_url_list(url):
    html=open_url(url)
    p=re.compile(r'<a href="(.+)" title=".+ <br>.+?">')
    url_list=re.findall(p,html)
    return url_list

# 自动进入每一话漫画对应的链接中爬取每一张图片对应的链接并插入到 MySQL 数据库
def get_img(url):
    # 获取每个网页中每一话漫画对应的链接
    url_list=get_url_list(url)
    # 连接 MySQL 数据库
    conn=connect(user='root',password='',database='test2')
    # 创建游标
    c=conn.cursor()
    try:
        # 创建一张数据库表
        c.execute('create table cartoon(name varchar(30) ,img varchar(100))')
    except:
        # count 用来计算每一张网页有多少行数据被插入
        count=0
        for each_url in url_list:
            html=open_url(each_url)
            p1=re.compile(r'<img src="(.+)" alt=".+?>')
            p2=re.compile(r'<h1>(.+)</h1>')
            img_list=re.findall(p1,html)
            title=re.findall(p2,html)
            for each_img in img_list:
                c.execute('insert into cartoon values(%s,%s)', [title[0],
each_img])
                count+=c.rowcount
```

```
        print('有%d 行数据被插入'%count)

finally:
    # 提交数据，这一步很重要哦！
    conn.commit()
    # 以下两步把游标与数据库连接都关闭，这也是必需的！
    c.close()
    conn.close()



num=int(input('前几页：'))
for i in range(num):
    url='http://www.ishuhui.com/page/'+str(i+1)
    get_img(url)
```

以上代码创建了自定义函数，用于打开 URL，获取图片，并将结果存入数据库中，以实现爬取操作。将代码保存到程序文件为 7-18.py 中，执行该程序，结果如图 7.38 所示。

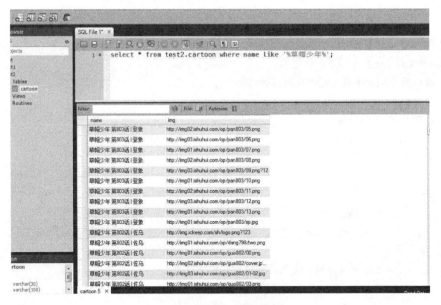

图 7.38　对鼠绘漫画的爬取

要安装 mysql-connector-python 模块，这是一个 Python 与 MySQL 连接的模块，直接执行 pip install mysql-connector-python --allow-external mysql-connector-python 即可。

7.4　小结

　　本章介绍了 JSON 文件处理方法、CSV 文件处理方法、安装 MySQL 数据库的方法以及 MySQL 的常用操作，最后通过使用 Python 语言和 MySQL 数据库实现了一个简单的范例程序进行实践。

第 8 章

◀ 多线程爬虫 ▶

前面几章介绍的 Python 爬取技术基本上都为单线程，效率较低，单线程有一个缺陷就是如果队列里有一项被卡住了，那么整个队列都要停下来。使用多线程或者多进程则可以有效避免这样的问题。多线程爬虫在整个爬虫知识体系中占据重要的地位，通过对多线程的学习，读者可以最终掌握 Python 中多线程爬虫的方法。多线程和多进程是不一样的。在 Python 中，多线程要导入 thread 模块，而多进程是导入 multiprocessing 模块。

本章主要涉及的知识点有：

* 了解进程和线程
* 学会用多线程的方法爬取网站数据
* 了解进程和线程的优缺点，在不同的场景选择适当的方法

8.1 关于多线程

在了解如何进行多线程爬取网络的内容之前，需要先来了解一下什么是线程以及与其相关的一些背景知识。

8.1.1 基本知识

首先我们来了解一下 Python 中的 GIL（Global Interpreter Lock，全局解释器锁）。GIL 源于 Python 设计之初的考虑，是为了数据安全所设计的。由于物理上的限制，各 CPU 厂商在核心频率上的比赛已经被多核所取代。为了更有效地利用多核处理器的性能，就出现了多线程的编程方式，而随之带来的就是线程间数据一致性和状态同步的困难。即使在 CPU 内部的高速缓存（Cache）也不例外，为了有效地解决多份高速缓存之间的数据同步问题，各厂商花费了不少心思，也不可避免地带来了一定的性能损失。

Python 当然也逃不开，为了利用多核，Python 开始支持多线程。解决多线程之间数据一致性、完整性和状态同步的最简单方法自然就是加锁。于是有了 GIL 这把超级大锁，而当越来越多的代码库开发者接受了这种设定后，他们开始大量依赖这种特性，即默认 Python 内部对象是 thread-safe（线程安全）的，无须在实现时考虑额外的内存锁和同步操作。

每个 CPU 在同一时间只能执行一个线程，在单核 CPU 下的多线程其实都只是并发（Concurrent），而不是并行（Parallel）。并发和并行从宏观上来讲都是同时处理多路请求的概念，但并发和并行又有区别：并行是指几个程序在同一时刻同时在不同内核上运行，而并发是指一个时间段内有几个程序都处于已启动运行到运行完毕之间，且这几个程序都是在同一个内核上运行，但任一个时刻点上只有一个程序在内核上运行。并行必须有多核 CPU 或多个 CPU，而并发则并不是必须要有多核 CPU 或多个 CPU。

在 Python 多线程下，每个线程的执行方式如下：

（1）先获取 GIL。

（2）执行代码直到休眠（Sleep）或者是 Python 虚拟机将其挂起（Pending）。

（3）释放 GIL。

可见，某个线程想要执行，必须先拿到 GIL，我们可以把 GIL 看作是"通行证"，并且在一个 Python 进程中，GIL 只有一个。拿不到通行证的线程，就不允许进入 CPU 内核执行。

在 Python 2.x 里，GIL 的释放逻辑是：当前线程遇见 IO 操作或者 ticks 计数达到 100 就释放。ticks 可以看作是 Python 自身的一个计数器，专门作用于 GIL，每次释放 GIL 后归零，这个计数可以通过 sys.setcheckinterval 来调整。

每次释放 GIL 锁，线程进行锁竞争和切换线程都会消耗系统资源。并且由于 GIL 锁的存在，在 Python 中一个进程永远只能同时执行一个线程（拿到 GIL 的线程才能执行），这就是为什么在多核 CPU 上 Python 的多线程效率并不高。

8.1.2 多线程的适用范围

由于 Python 中 GIL 机制的存在导致其多线程的鸡肋性，那么是不是 Python 的多线程就完全没用了呢？

在这里我们进行分类讨论：

（1）CPU 密集型代码，如各种循环处理、计数等。在这种情况下，由于计算工作多，ticks 计数很快就会达到阈值，然后触发 GIL 的释放与再竞争，多个线程来回切换当然是需要消耗系统资源的，所以 Python 下的多线程对 CPU 密集型代码并不友好。

（2）IO 密集型代码，如文件处理、网络爬虫等，多线程能够有效提升效率，单线程下有 IO 操作会进行 IO 等待，造成不必要的时间浪费，而开启多线程能在线程 A 等待时自动切换到线程 B，可以不浪费 CPU 的计算资源，从而能提升程序的执行效率。所以 Python 的多线程对 IO 密集型代码比较友好。

在 Python 3.x 中，GIL 不使用 ticks 计数，改为使用计时器，执行时间达到阈值后，当前线程释放 GIL，这样对 CPU 密集型程序更加友好，但依然没有解决 GIL 导致的同一时间只能执行一个线程的问题，所以效率依然不尽如人意。

那么对于多核性能的情况是怎么样的呢？多核多线程比单核多线程更差，原因是单核环境中多线程每次释放 GIL，唤醒的那个线程都能获取到 GIL 锁，所以能够无缝执行；而多核环境中 CPU0 释放 GIL 后，其他 CPU 上的线程都会进行竞争，但是 GIL 可能会马上又被 CPU0

拿到，导致其他几个 CPU 上被唤醒后的线程醒着等待到切换时间后又进入待调度状态，这样会造成线程颠簸（Thrashing），导致效率更低。

然而，多进程为什么不会这样？因为每个进程有各自独立的 GIL，互不干扰，这样就可以实现真正意义上的并行执行，所以在 Python 中，多进程的执行效率优于多线程（仅仅针对多核 CPU 而言）。

因此，在这里给出一个结论：在多核的情况下，想要提升程序的执行效率，比较通用的方法是使用多进程而不是多线程。

8.2　多线程的实现

上一节介绍了有关线程与进程的基本内容，那么对于 Python 到底该如何实现多线程？本节就来介绍 Python 实现多线程的模块：_thread。导入该模块即可实现多线程。除了_thread 模块，还有 Threading 模块的 thread 对象也可以创建多线程。

8.2.1　使用_thread 模块创建多线程

_thread 模块除了可以派生线程外，还提供了基本的同步数据结构，又称为锁对象（Lock Object，也叫原语锁、简单锁、互斥锁、互斥和二进制信号量）。thread 模块的常用线程函数如表 8.1 所示。

表 8.1　_thread 模块常用方法（或函数）

函数	说明
start_new_thread(function,args,kwargs=None)	派生一个新的线程，使用指定的参数 args 和可选的参数 kwargs 来执行 function 指定的函数
allocate_lock()	分配 LockType 对象
exit()	退出线程指令
LockType 锁对象的方法	
acquire(wait=None)	尝试获取锁对象
locked()	如果获取了锁对象就返回 True，否则返回 False
release()	释放锁

_thread 模块的核心方法是 start_new_thread()，专门用来派生新的线程。要创建多线程，只需要调用 thread 模块中的 start_new_thread() 方法来产生新的线程即可，其语法格式如下所示。

```
thread.start_new_thread ( function, args[, kwargs] )
```

以上代码中各个参数的意义如下所示。

● function，线程函数。
● args，传递给线程函数的参数。注意，该参数必须是一个元组（Tuple）类型。

● kwargs，可选参数。

下面通过一个范例程序来说明如何调用方法来创建多线程。

【范例程序 8-1】使用_thread 创建多线程

范例程序 8-1 的代码

```
import _thread                              # 导入_thread 模块
from time import sleep,ctime                # 导入 time 模块
def loop0():                                # 自定义函数
    print('开始循环 0 次在: ',ctime())        # 输出时间
    sleep(4)
    print('结束循环 0 次在: ',ctime())
def loop1():                                # 自定义函数 2
    print('开始循环 1 次在: ',ctime())
    sleep(2)
    print('结束循环 1 次在: ',ctime())
def main():                                 # 主函数
    print('starting at:', ctime())
    _thread.start_new_thread(loop0, ()) # 以函数 loop0 为基础创建线程
    _thread.start_new_thread(loop1, ()) # 以函数 loop1 为基础创建线程
    sleep(6)
    print('all done at:', ctime())
if __name__ =='__main__':
    main(
```

以上代码首先导入 thread 模块与 time 模块，然后创建一个函数用于显示不同线程的信息，再调用 thread 的 start_new_thread()方法创建线程，线程基于自定义函数 loop0 与 loop1，后面的空元组为传递给线程函数的参数。将以上代码保存到程序文件 8-1.py 中，执行该程序，结果如图 8.1 所示。

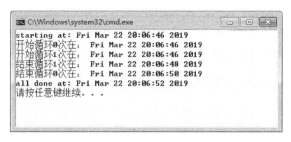

图 8.1　调用_thread 模块中的方法来创建多线程 I

每次执行程序 8-1.py，函数 loop0 和函数 loop1 开始执行的顺序竟然可以是无序的。loop0 和 loop1 是同时执行的，在本次执行中 loop1 是在 loop0 之前结束的，整个程序一共耗时 6 秒。因此可以说，loop0 和 loop1 是并发执行的。

在主程序（其实也就是主线程）中增加了一个 sleep(6)的语句，这其实是为了避免主程序

结束的时候 loop0 和 loop1 这两个线程还没有结束的问题。这也是_thread 模块的一种线程同步机制。但是，这样使用 sleep()来进行线程同步是不靠谱的，这也是_thread 实现多线程的一个弊端。

这时，我们可以引用锁机制来实现相应的线程管理，并且同时改善单独的循环函数实现的方式。下面的范例程序演示了如何使用锁机制来实现线程的管理。

【范例程序 8-2】使用锁机制进行线程的管理

范例程序 8-2 的代码

```
import _thread
from time import sleep, ctime
loops=[4,2]                              # 定义列表
def loop(nloop,sec,lock):                # 单一函数
    print('开始循环',nloop,'在: ',ctime())
    sleep(sec)
    print('循环',nloop ,'结束于: ',ctime())
    lock.release()                       # 释放锁
def main():
    print('开始于: ',ctime())
    locks=[]                             # 定义空的列表
    nloops=range(len(loops))
    for i in nloops:
        lock=_thread.allocate_lock()     # 分配 LockType 对象
        lock.acquire()                   # 获取锁对象
        locks.append(lock)               # 将锁对象附加到列表
    for i in nloops:                     # 循环
        _thread.start_new_thread(loop,(i,loops[i],locks[i])) # 通过循环创建多线程
    for i in nloops:
        while locks[i].locked():         # 当锁被锁定
            pass
    print('所有的任务完成于: ',ctime())
if __name__ =='__main__':
    main()
```

以上代码不再把 4 秒和 2 秒硬性地编写到不同的函数中，而是使用唯一的 loop()函数，并把这些常量放进列表 loops 中，代替了之前的 loop()函数，三个参数分别代表了处于第几个循环中、睡眠时间和锁对象。每个循环执行到最后一句的时候释放锁对象，告诉主线程该线程已完成。第一个 for 循环中，创建了一个锁的列表，通过 thread.allocate_lock()方法得到锁对象，再通过 acquire()方法取到锁（相当于把锁锁上），取到之后就可以把它添加到锁列表 locks 中。在第二个 for 循环中，主要用于派生线程。每个线程都会调用 loop()函数，并传递循环号、睡眠时间以及用于该线程的锁。第三个 for 循环按照顺序检查每个锁。每个线程执行完毕后都会释放自己的锁对象。这里使用忙等待，让主线程等所有的锁都释放后才继续执行。

将以上代码保存到程序文件 8-2.py 中，执行该程序，运行结果如图 8.2 所示。

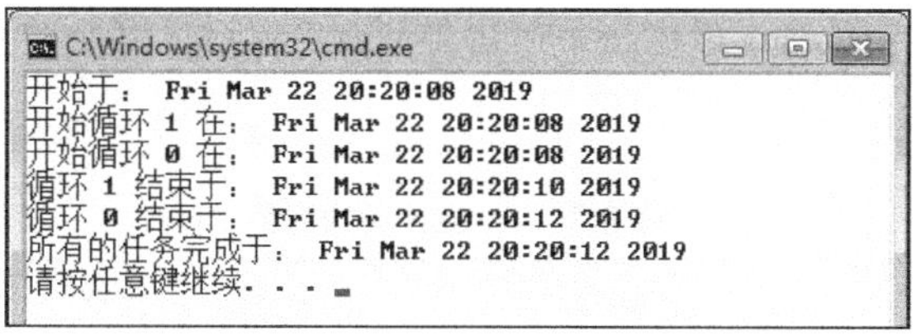

```
C:\Windows\system32\cmd.exe

开始于: Fri Mar 22 20:20:08 2019
开始循环 1 在: Fri Mar 22 20:20:08 2019
开始循环 0 在: Fri Mar 22 20:20:08 2019
循环 1 结束于: Fri Mar 22 20:20:10 2019
循环 0 结束于: Fri Mar 22 20:20:12 2019
所有的任务完成于: Fri Mar 22 20:20:12 2019
请按任意键继续. . .
```

图 8.2　使用锁机制管理多线程

图 8.2 的运行结果除了表明两次循环是并发执行的之外，整个程序一共用时 4 秒，而不是之前的 6 秒。

8.2.2　关于 Threading 模块

上节介绍的_thread 模块是不支持守护线程的。当主线程退出的时候，所有的子线程都将终止，不管它们是否仍在运行。

本节将介绍 Python 的另一个多线程模块 threading。该模块支持守护线程（守护线程一般是一个等待客户端请求的服务器），其工作方式是：如果没有客户端请求，守护线程就是空闲的；如果把一个线程设置为守护线程，就表示此刻这个线程是不重要的，其他进程退出时不需要等待这个守护线程执行完成。

如果主线程准备退出的时候，不需要等待某些子线程完成，就可以为这些子线程设置守护线程标记。该标记值为真的时候，表示对应的线程此刻是不重要的，或者说该线程只是用来等待客户端请求而当前不做其他任何事情。

使用如下代码可以将一个线程设置为守护线程：

```
thread.daemon=True
```

同样的，也可以通过这个值来查看线程的守护状态。一个新的子线程会继承父线程的守护标记。整个 Python 程序（也可以称作主线程）将在所有的非守护线程退出之后才退出。

threading 模块除了 Thread 类之外，还包括许多实用的同步机制，具体内容如表 8.2 所示。

表 8.2　threading 模块的对象表

对象	说明
Thread	表示一个执行线程的对象
Lock	锁对象
RLock	可重入锁对象，使单一线程可以（再次）获得已持有的锁（递归锁）
Condition	条件变量对象，使得一个线程等待另外一个线程满足特定的条件，比如改变状态或者某个数据值
Event	条件变量的通用版本，任意数量的线程等待某个事件的发生，在该事件发生后所有的线程都将被激活
Semaphore	为线程间的有限资源提供一个计数器，没有可用资源时会被阻塞
BoundedSemaphore	与 Semaphore 相似，不过它不允许超过初始值
Timer	与 Thread 类似，不过它要在运行前等待一定时间
Barrier	创建一个障碍，必须达到指定数量的线程后才可以继续

其中，Thread 类是 threading 模块的主要执行对象，Thread 类的属性和方法分别列在表 8.3 与表 8.4 中。

表 8.3　Thread 类的属性

属性	说明
name	线程名
ident	线程的标识符
daemon	布尔值，表示这个线程是否是守护线程

表 8.4　Thread 类的方法

方法	说明
__init__(group=None,target=None,name=None,args=(),kwargs={},verbose=None,daemon=None)	实例化一个线程对象，需要一个可调用的 target 对象，以及参数 args 或者 kwargs。还可以传递 name 和 group 参数，daemon 的值将会设定 thread.daemon 的属性
start()	开始执行该线程
run()	定义线程的方法（通常开发者应该在子类中重写这个方法）
join(timeout=None)	直至启动的线程终止之前一直挂起；除非给出了 timeout（单位秒），否则一直被阻塞
getName()	返回线程名（该方法已被弃用）
setName()	设置线程名（该方法已弃用）
isAlive	布尔值，表示这个线程是否还存活（驼峰式命名，Python 2.6 版本开始已被取代）
isDaemon()	布尔值，表示是否是守护线程（已经弃用）
setDaemon(布尔值)	在线程 start() 之前调用，把线程的守护标识设置为指定的布尔值（已弃用）

使用 Thread 类，有以下 3 种方法创建线程：

● 创建 Thread 类的实例，传递一个函数。
● 创建 Thread 类的实例，传递一个可调用的类实例。
● 派生 Thread 类的子类，并创建子类的实例。

一般情况下，我们会采用第一种或者第三种方法。如果需要一个更加符合面向对象的接口时，倾向于选择第三种方法，否则就用第一种方法。

8.2.3　使用函数方式创建线程

上一小节介绍了 Threading 模块中的 Thread 类支持创建线程的 3 种方法，本小节来介绍如何使用传递函数的方法来创建线程。

【范例程序 8-3】使用函数方式创建多线程

范例程序 8-3 的代码

```python
import threading
from time import sleep,ctime
loops=[4,2]
def loop(nloop,nsec):
    print('开始循环',nloop,'at:',ctime())
    sleep(nsec)
    print('循环',nloop,'结束于: ',ctime())
def main():
    print('程序开始于: ',ctime())
    threads=[]
    nloops=range(len(loops))
    for i in nloops:
        t=threading.Thread(target=loop,args=(i,loops[i]))  # 循环
        threads.append(t)
    for i in nloops:
        threads[i].start()   # 循环启动线程的运行
    for i in nloops:
        threads[i].join()    # 循环，join()方法可以让主线程等待所有的线程都执行完毕
    print('任务完成于: ',ctime())

if __name__=='__main__':
    main()
```

查看以上代码可以发现，使用 Thread 类的函数方式创建线程与_thread 的方法基本类似，与_thread 模块相比，不同点在于：实现同样的效果，thread 模块需要锁对象，而 threading 模块的 Thread 类则不需要。实例化 Thread（调用 Thread()）和调用 thread.start_new_thread()的最大区别就是新线程不会立即执行！这是一个非常有用的同步功能，尤其在我们不希望线程立即开始执行的时候。

当所有的线程都分配完成之后，通过调用每个线程的 start()方法来启动这些线程的运行。相比于 thread 模块的管理一组锁（分配、获取、释放检查锁状态）来说，threading 模块的 Thread 类只需要为每个线程调用 join()方法即可。join(timeout=None)方法将等待线程结束，或者是达到指定的 timeout 时间。这种锁又称为自旋锁。

最重要的是 join()方法，其实我们根本不需要调用它。一旦线程启动，就会一直执行，直到给定的函数完成后才退出。如果主线程还有其他事情要做（并不需要等待这些线程完成），可以不调用 join()。join()只有在需要等待线程完成时才是有用的。

将以上代码保存到程序文件 8-3.py 中，执行该程序，结果如图 8.3 所示。

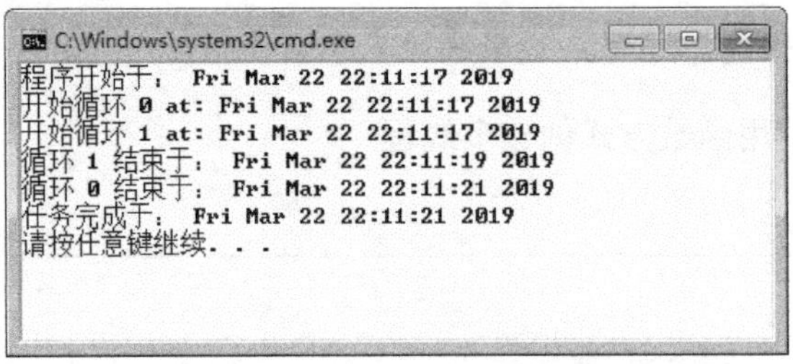

图 8.3　使用函数方式创建线程

8.2.4　传递可调用的类的实例来创建线程

　　创建线程时,与传入函数类似的方法是传入一个可调用的类的实例用于线程执行——这种方法更加接近面向对象的多线程编程。比起一个函数或者从一个函数组中选择而言,这种可调用的类包含一个执行环境,有更好的灵活性。

　　将程序 8-3.py 简单修改即可实现这样的功能,具体的程序代码如以下范例程序所示。

　　【范例程序 8-4】传递可调用的类的实例来创建多线程

范例程序 8-4 的代码

```python
import threading
from time import sleep,ctime
loops=[4,2]
class ThreadFunc(object):                    # 自定义类
    def __init__(self,func,args,name=''):    # 构造方法
        self.name=name                       # 设置名称
        self.func = func                     # 方法
        self.args=args                       # 参数
    def __call__(self):                      # 调用方法
        self.func(*self.args)                # 调用自身参数
def loop(nloop,nsec):
    print('开始循环',nloop,'at:',ctime())
    sleep(nsec)
    print('循环',nloop,'结束于: ',ctime())
def main():
    print('程序开始于: ',ctime())
    threads=[]
    nloops=range(len(loops))
        for i in nloops:
        #传递一个可调用类的实例
        t = threading.Thread(target=ThreadFunc(loop,(i,loops[i]),loop.__name__))
        threads.append(t)
    for i in nloops:
        threads[i].start()  #循环启动线程的运行
```

```
        for i in nloops:
            threads[i].join()
        print('任务完成于: ',ctime())

    if __name__=='__main__':
        main()
```

以上代码主要添加了 ThreadFunc 类, 并在实例化 Thread 对象时, 通过传参的形式同时实例化了可调用类 ThreadFunc。这里同时完成了两个实例化。我们研究一下创建 ThreadFunc 类的思想: 我们希望这个类更加通用, 而不是局限于 loop()函数。为此, 添加了一些新的东西, 比如这个类保存了函数自身、函数的参数以及函数名。构造函数__init__()用于设置上述值。当创建新线程的时候, Thread 类的代码将调用 ThreadFunc 对象, 此时会调用__call__()这个特殊方法。该种方法调用起来比较复杂, 而且也难于阅读, 实际运用并不多。将以上代码保存到程序文件 8-4.py 中, 执行该程序同样会实现多线程。

8.2.5　派生子类并创建子类的实例

除了以上介绍的两种方法创建线程外, 还有一种方法就是使用子类来创建线程, 子类继承自 Thread 类。

【范例程序 8-5】派生子类并创建实例来实现多线程。

范例程序 8-5 的代码

```
import threading
from time import sleep,ctime
loops=[4,2]
class MyThread(threading.Thread):
    def __init__(self,func,args,name=''):
        threading.Thread.__init__(self)
        self.name = name
        self.func = func
        self.args = args
    def run(self):
        self.func(*self.args)
def loop(nloop,nsec):
    print('开始循环',nloop,'在: ',ctime())
    sleep(nsec)
    print('结束循环',nloop,'于: ',ctime())
def main():
    print('程序开始于: ',ctime())
    threads = []
    nloops = range(len(loops))
    for i in nloops:
        t = MyThread(loop,(i,loops[i]),loop.__name__)
        threads.append(t)
```

```
        for i in nloops:
            threads[i].start()
        for i in nloops:
            threads[i].join()
        print('所有的任务完成于: ',ctime())
    if __name__ =='__main__':
        main()
```

以上代码主要创建了一个类 MyThread，该类是由 threading.Thread 类派生出来的，其中定义了构造函数与 run()方法。实际使用时，为该类实例化一个对象，并为其指定函数（loop）、参数，以实现多线程。将以上代码保存到程序文件 8-5.py 中，执行该程序，它的运行结果将会与前面几个程序的运行结果类似。

8.3 使用多进程

想要充分利用多核 CPU 资源，在 Python 中大部分情况下都需要使用多进程，Python 提供了 multiprocessing 这个包来实现多进程。multiprocessing 支持子进程、进程间的同步与通信，提供了 Process、Queue、Pipe、Lock 等组件。

8.3.1 创建子进程

要想使用多进程，首要的是创建一个子进程。使用 Process 类为该类生成实例即可实现创建子进程的目的，其语法格式如下所示。

```
Process([group [, target [, name [, args [, kwargs]]]]])
```

其中各个参数的意义如下所示：

● group 表示分组，实际上不使用。
● target 表示调用对象，可以传入方法的名字。
● args 表示以元组的形式给调用对象提供参数。比如 target 是函数 a，它有两个参数 m 和 n，那么该参数为 args=(m, n)即可。
● kwargs 表示调用对象的字典。
● name 是别名，相当于给这个进程取一个名字。

下面通过一个范例程序来说明如何使用 Process 类创建子进程。

【范例程序 8-6】使用 Process 类创建子进程

范例程序 8-6 的代码

```
from multiprocessing import Process, Pool        # 导入模块
import os
```

```
import time
def run_proc(wTime):                                    # 自定义函数
    n = 0
    while n < 3:
        # 获取当前进程号和正在运行时的时间
        print("subProcess %s run," % os.getpid(), "{0}".format(time.ctime()))
        time.sleep(wTime)                               # 等待（休眠）
        n += 1
if __name__ == "__main__":
    p = Process(target=run_proc, args=(2,))             # 申请子进程
    p.start()                                           # 运行进程
    print("Parent process run. subProcess is ", p.pid)
    print("Parent process end,{0}".format(time.ctime()))
```

以上代码使用自定义函数输出进程号和运行时间，然后使用 Process 的构造函数为其实例化一个对象，指定了回调函数，然后运行进程，并输出父进程的开始及结束时间。这样成功创建了子进程。将以上代码保存到程序文件 8-6.py 中，执行该程序，结果如图 8.4 所示。

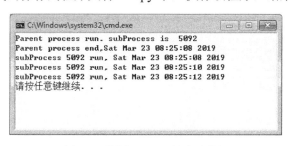

图 8.4　使用 Process 创建子进程

8.3.2　将进程定义为类

编程人员还可以使用自定义进程类来实现多进程，只需要通过继承 Process 类来自定义进程类，实现 run() 方法。实例化自定义类，通过调用自定义类的 start() 时会自动调用 run() 方法。

下面的范例程序说明了如何将进程定义为类。

【范例程序 8-7】将进程定义为类

范例程序 8-7 的代码

```
from multiprocessing import Process, Pool              # 导入模块
import os
import time
class Myprocess(Process):                              # 自定义类
    def __init__(self, wTime):                         # 构造函数
        Process.__init__(self)                         # 调用 Process 类的构造函数
        self.wTime = wTime
    def run(self):                                      # run() 方法
```

```
        n = 0
        while n < 3:
            print("subProcess %s run," % os.getpid(), "{0}".format(time.ctime()))
            time.sleep(self.wTime)
            n += 1
if __name__ == "__main__":
    p = Myprocess(2)                              # 为自定义类实例化对象
    p.daemon = True                              # daemon 属性为 True
    p.start()                                    # 自动调用 run()方法
    p.join()
    print("Parent process run. subProcess is ", p.pid)
    print("Parent process end,{0}".format(time.ctime()))
```

以上代码创建了一个自定义类，其中仍然调用了 Process 类的构造函数，该自定义类继承自 Process 类。然后为该类实例化对象，并把 daemon 属性设置为 True，这样可以避免父进程停止而子进程仍在运行的情况发生，之后调用 start()方法会自动调用 run()方法，并输出父进程的内容。将以上代码保存到程序文件 8-7.py 中，执行该程序，结果如图 8.5 所示。

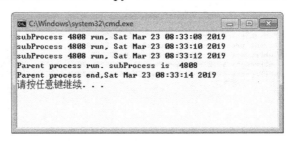

图 8.5　使用自定义类实现多进程

8.3.3　创建多个进程

很多时候系统都需要创建多个进程以提高 CPU 的利用率，当进程数量较少时，可以手动生成一个个 Process 实例。当进程数量很多时，可以利用循环，但是这需要编程人员手动管理系统中并发进程的数量，这样有时会很麻烦。这时进程池 Pool 就可以发挥其作用了。可以通过传递参数限制并行进程的数量，默认值为 CPU 的内核数。

以下代码演示了如何使用进程池 Pool 创建多个进程。

【范例程序 8-8】使用 Pool 创建多个进程

范例程序 8-8 的代码

```
from multiprocessing import Process,Pool
import os,time
def run_proc(name):                              # 定义一个函数用于进程调用
    for i in range(5):
        time.sleep(0.5)                          # 休眠 0.5 秒
```

```
                print('Run child process %s (%s)' % (name, os.getpid()))
# 执行一次该函数共需 1 秒的时间
if __name__ =='__main__':               # 执行主进程
    print('Run the main process (%s).' % (os.getpid()))
    mainStart = time.time()             # 记录主进程开始的时间
    p = Pool(8)                         # 创建进程池
    for i in range(4):                  # 创建 4 个进程
        # 每个进程都调用 run_proc()函数,args 表示给该函数传递的参数
        p.apply_async(run_proc,args=('Process'+str(i),))
    print('Waiting for all subprocesses done ...')
    p.close() # 关闭进程池
    p.join()  # 等待创建的所有进程执行完后，主进程才继续往下执行
    print('All subprocesses done')
    mainEnd = time.time()               # 记录主进程的结束时间
    print('All process ran %0.2f seconds.' % (mainEnd-mainStart)) # 主进程的执行时间
```

以上代码首先定义一个函数，用于进程调用，在主进程中使用 Pool 类创建进程池，并使用循环创建了 4 个进程，每个都调用自定义函数 run_proc()以显示各自进程的执行情况。这样就达到了实现多进程的目的。将以上代码保存到程序文件 8-8.py 中，执行该程序，结果如图8.6 所示。

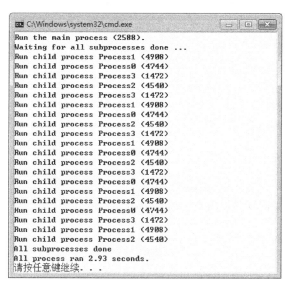

图 8.6　使用进程池创建多个进程

8.4 爬取示范：多线程爬取豆瓣电影

前面介绍了在 Python 中如何实现多线程、多进程，本节将结合前面介绍的实现多线程、

多进程的知识，运用到实际的爬取实战中。

豆瓣是国内知名的电影评分网站，本小节就以豆瓣电影 top250 这个网站为例，采用三种方式来爬取排名前 250 名的电影。豆瓣电影 top250 这个网站的网址如下：

```
https://movie.douban.com/top250?start=0
```

通过分析网页发现第 2 页的 url start=25，第 3 页的 url start=50，第 4 页的 start=75。因此可以得出这个网站每一页的数据是通过递增 start 这个参数得到的。

一般不看第一页的数据，因为第一页的内容没有参考价值。

这次我们主要爬取电影名字和评分。只是使用不同方式去对比一下不同点，所以就不过多提取或保存数据了，只是简单地将其爬取下来看看。

8.4.1　使用多进程进行爬取

第一种采用多进程 multiprocessing 模块。这种爬取方式的耗时与网络连接速度有关，在理想情况下，使用多核多进程会比用单进程效率高很多。

【范例程序 8-9】使用 Process 多进程爬取豆瓣

范例程序 8-9 的代码

```python
from multiprocessing import Process, Queue
import time
from lxml import etree
import requests
class DouBanSpider(Process):
    def __init__(self, url, q):
        # 重写父类的__init__方法
        super(DouBanSpider, self).__init__()
        self.url = url
        self.q = q
        self.headers = {
            'Host': 'movie.douban.com',
            'Referer': 'https://movie.douban.com/top250?start=225&filter=',
            'User-Agent': 'Mozilla/5.0 (Windows NT 10.0; WOW64)
AppleWebKit/537.36 (KHTML, like Gecko) Chrome/59.0.3071.104 Safari/537.36',
        }                           # 请求头部
    def run(self):                  # 定义 run()方法
        self.parse_page()           # 分析网页
    def send_request(self,url):     # 发送请求，返回网页源代码
        i = 0
        while i <= 3:               # 请求出错时，重复请求 3 次，
            try:
                print (u"[INFO]请求 url:"+url)
                return requests.get(url=url,headers=self.headers).content
            except Exception as e:
                print(u'[INFO] %s%s'% (e,url))
```

```
            i += 1
    def parse_page(self):  # 解析网站源码，并采用 xpath 提取电影名称和评分并放到队列中
        response = self.send_request(self.url)
        html = etree.HTML(response)
        node_list = html.xpath("//div[@class='info']")  # 获取到一页的电影数据
        for move in node_list:
            title = move.xpath('.//a/span/text()')[0]   # 电影名称
            score = move.xpath('.//div[@class="bd"]//span[@class="rating_num"]
/text()')[0]   # 评分
            self.q.put(score + "\t" + title)      # 将电影的名称和评分加入到队列中
    def main():
        q = Queue()                     # 创建一个队列用来保存进程获取到的数据
        base_url = 'https://movie.douban.com/top250?start='       # 定义 URL
        url_list = [base_url+str(num) for num in range(0,225+1,25)]# 构造所有 URL
        Process_list = []            # 保存进程
        for url in url_list:            # 创建并启动进程
            p = DouBanSpider(url,q)
            p.start()
            Process_list.append(p)
        for i in Process_list:          # 让主进程等待子进程执行完成
            i.join()
        while not q.empty():
            print(q.get())
    if __name__=="__main__":
    start = time.time()
    main()
        print('[info]耗时：%s'%(time.time()-start))
```

以上代码使用 Process 多进程方法对豆瓣进行爬取。将以上代码保存到程序文件 8-9.py 中，执行该程序，结果如图 8.7 所示。

图 8.7　Process 多进程的实现

8.4.2 使用多线程进行爬取

接下来使用多线程 threading 的 Thread 重写父类的方法进行多线程爬取。具体代码如下所示。

【范例程序 8-10】使用 Thread 多线程爬取豆瓣

范例程序 8-10 的代码

```
from threading import Thread
from queue import Queue
import time
from lxml import etree
import requests
class DouBanSpider(Thread):
    def __init__(self, url, q):
        super(DouBanSpider, self).__init__()        # 重写父类的__init__方法
        self.url = url
        self.q = q
        self.headers = {
            'Cookie': 'll="118282"; bid=ctyiEarSLfw; ps=y;
__yadk_uid=0Sr85yZ9d4bEeLKhv4w3695OFOPoedzC; dbcl2="155150959:OEu4dds1G1o";
as="https://sec.douban.com/b?r=https%3A%2F%2Fbook.douban.com%2F"; ck=fTrQ;
_pk_id.100001.4cf6=c86baf05e448fb8d.1506160776.3.1507290432.1507283501.;
_pk_ses.100001.4cf6=*;
__utma=30149280.1633528206.1506160772.1507283346.1507290433.3;
__utmb=30149280.0.10.1507290433; __utmc=30149280;
__utmz=30149280.1506160772.1.1.utmcsr=(direct)|utmccn=(direct)|utmcmd=(none);
__utma=223695111.1475767059.1506160772.1507283346.1507290433.3;
__utmb=223695111.0.10.1507290433; __utmc=223695111;
__utmz=223695111.1506160772.1.1.utmcsr=(direct)|utmccn=(direct)|utmcmd=(none);
push_noty_num=0; push_doumail_num=0',
            'Host': 'movie.douban.com',
            'Referer': 'https://movie.douban.com/top250?start=225&filter=',
            'User-Agent': 'Mozilla/5.0 (Windows NT 10.0; WOW64)
AppleWebKit/537.36 (KHTML, like Gecko) Chrome/59.0.3071.104 Safari/537.36',
        }
    def run(self):
        self.parse_page()
    def send_request(self,url):
        i = 0
        while i <= 3:                # 请求出错时, 重复请求3次
            try:
                print (u"[INFO]请求url:"+url)
                html = requests.get(url=url,headers=self.headers).content
```

```
                except Exception as e:
                    print (u'[INFO] %s%s'% (e,url))
                    i += 1
                else:
                    return html
    def parse_page(self):
        # 解析网站源码，并采用 xpath 提取电影名称和评分并放到队列中
        response = self.send_request(self.url)
        html = etree.HTML(response)

        node_list = html.xpath("//div[@class='info']")
        for move in node_list:
            title = move.xpath('.//a/span/text()')[0]          # 电影名称
            score = move.xpath('.//div[@class="bd"]//span[@class="rating_num"]
/text()')[0]        # 评分
            self.q.put(score + "\t" + title)# 将每一部电影的名称和评分加入到队列
def main():
    # 创建一个队列用来保存进程获取到的数据
    q = Queue()
    base_url = 'https://movie.douban.com/top250?start='
    # 构造所有 url
    url_list = [base_url+str(num) for num in range(0,225+1,25)]
    # 保存线程
    Thread_list = []
    # 创建并启动线程
    for url in url_list:
        p = DouBanSpider(url,q)
        p.start()
        Thread_list.append(p)
    # 让主线程等待子线程执行完成
    for i in Thread_list:
        i.join()
    while not q.empty():
        print(q.get())
if __name__=="__main__":
    start = time.time()
    main()
    print ('[info]耗时：%s'%(time.time()-start))
```

　　以上代码采用多线程对豆瓣进行爬取，主要还是使用了 threading 中的 Thread 类。另外，代码中还使用到了 queue 队列，以实现线程间的数据交换。将以上代码保存到程序文件 8-10.py中，执行该程序，结果如图 8.8 所示。

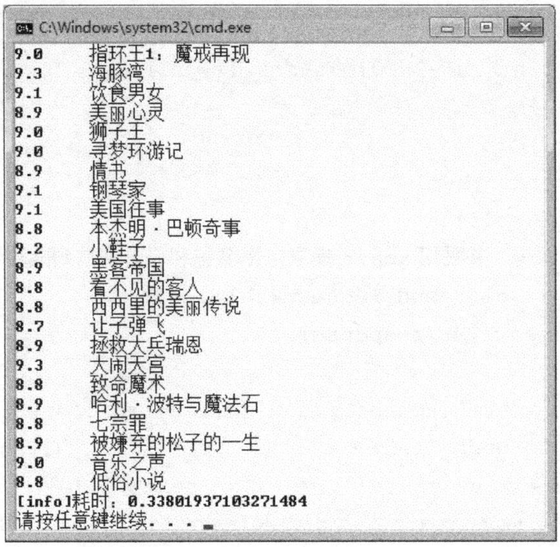

图 8.8 多线程爬取的结果

8.5 小结

在爬虫程序中，多线程的使用虽然解决了单线程的诸多问题，但是作为追求效率的爬虫工程师来说，多进程是更常用的方法。通过本章的学习，读者要从中了解爬虫线程、进程的运行原理和过程，将基础打牢。

第 9 章
◀ 图形验证识别技术 ▶

在网络执行爬虫操作时，有时会受到种种阻碍，其中阻碍我们爬虫的，有时候是在登录或者请求一些数据时的图形验证码。因此，在本章中我们将讲解一种能将图像转换成文字的技术。

将图像转换成文字的技术一般被称为光学文字识别（Optical Character Recognition，OCR）。实现 OCR 的库不是很多，特别是开源的库（或称为模块，程序包或包），因为这块存在一定的技术壁垒（需要大量的数据、算法、机器学习、深度学习知识等），并且如果做好了具有很高的商业价值。本章将介绍一个比较优秀的图像识别开源库：Tesseract。

- 安装 Tesseract
- 学习开源库 Tesseract
- 对网络验证码的识别

9.1　图像识别开源库：Tesseract

本节帮助读者从零开始了解 Tesseract，继而学会使用它。

9.1.1　安装 Tesseract

Tesseract 是一个 OCR 库，目前由谷歌公司赞助。Tesseract 是目前公认最优秀、最准确的开源 OCR 库。Tesseract 具有很高的识别度，也具有很高的灵活性，可以通过训练识别任何字体。

安装 Tesseract 可以分为以下几步进行。

（1）先用浏览器打开 Tesseract 的下载网站：

```
https://digi.bib.uni-mannheim.de/tesseract/
```

打开网站后，看到的网页如图 9.1 所示。

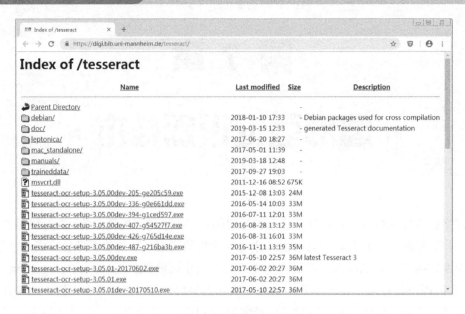

图 9.1　打开下载网站

（2）在图 9.1 所示的下载列表中，将滚动条滚动到最下方，选择最新的可供下载的版本。这里选择 v4.1.0.20190314.exe 进行下载，如图 9.2 所示。

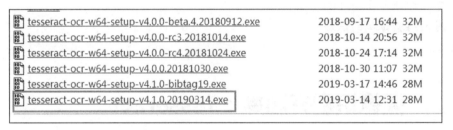

图 9.2　选择下载版本

（3）将安装包下载到本地之后，运行安装包，开始安装过程，如图 9.3 所示。

图 9.3　开始安装 Tesseract

（4）单击图 9.3 所示的安装界面中的【Next】按钮，以进入下一步，如图 9.4 所示。

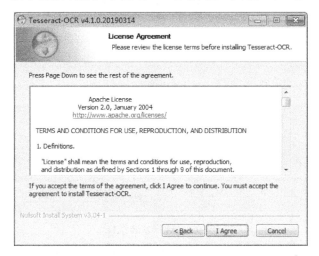

图 9.4　许可协议窗口

（5）直接单击图 9.4 所示的许可证协议窗口中的【I Agree】按钮，以进入下一步，如图
9.5 所示。

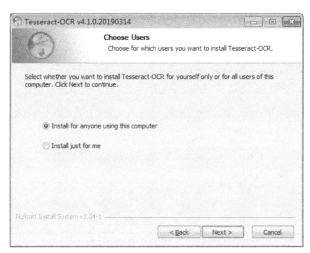

图 9.5　选择用户窗口

（6）在用户选择窗口中，可以根据需要安装为所有用户或者只为当前用户安装 Tesseract。
选择好之后，单击【Next】按钮进入下一步，如图 9.6 所示。

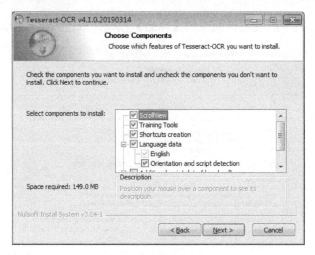

图 9.6　选择安装组件

（7）这里需要注意的是，因为要使用中文识别，所以在 Additional Language data 中选择 Chinese(Simplified)简体中文选项，随后在安装时会自动下载支持中文语言的包。选择好需要安装的组件之后，单击【Next】按钮进入下一步，如图 9.7 所示。

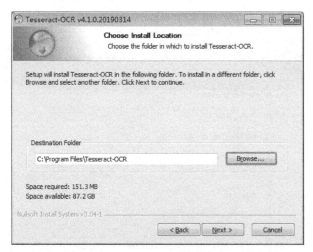

图 9.7　选择安装的位置

（8）在选择安装位置窗口中，单击【Browse...】按钮选择安装的位置，这里就将其安装在 D:\ Tesseract-OCR 目录下，之后单击【Next】按钮进入下一步，如图 9.8 所示。

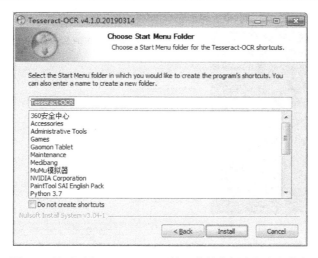

图 9.8 是否要在 Windows "开始" 菜单中创建程序文件夹

（9）直接单击【Install】按钮进入下一步，如图 9.9 所示。

图 9.9 安装进度

（10）安装过程中会下载所选择的简体中文语言包。网速决定了下载速度，等待其下载完毕，图 9.9 最下方的按钮才能单击。单击【Next】按钮，完成所有安装步骤，随后进入完成安装界面，如图 9.10 所示。

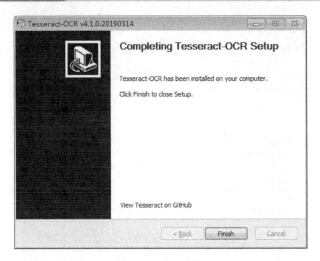

图 9.10　完成安装

（11）安装完成之后，为了让 Python 能够使用 Tesseract，还需要安装 pytesseract 模块。只需要在命令行下使用 pip 命令的方式去安装即可，如下所示。

```
pip3 install pytesseract
```

结果如图 9.11 所示。

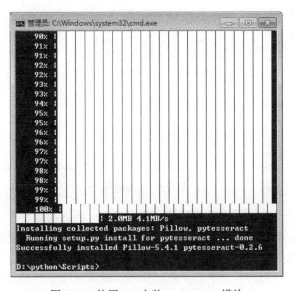

图 9.11　使用 pip 安装 pytesseract 模块

9.1.2　设置环境变量

安装完成后，如果想要在命令行中使用 Tesseract，那么应该设置环境变量。在 Windows 下把 tesseract.exe 所在的路径添加到 PATH 环境变量中。设置过程如下：

（1）用鼠标右键单击"我的电脑"，选择"属性"选项，进入系统设置页面，再选择"高级系统设置"，打开"高级"选项卡，再单击"环境变量..."按钮，就进入了环境变量设置界面，如图9.12所示。

图 9.12　添加 PATH 环境变量

（2）用鼠标双击图9.12最上方的"PATH"选项，打开编辑窗口，把 Tesseract 的安装路径添加进去，如图9.13所示。

图 9.13　为 Tesseract 添加环境变量

（3）之后单击【确定】按钮，即可完成环境变量的设置。

（4）配置完成后，在命令行输入 tesseract -v，如果出现如图9.14所示的界面，说明环境变量设置成功。

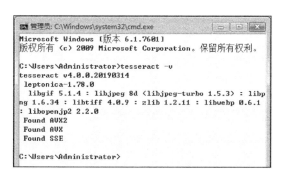

图 9.14　检验环境变量是否设置成功

9.1.3 验证安装

前面两小节完成了 Tesseract 的安装及环境变量的设置，本节将分别用 tesseract 和 pytesseract 来分别进行测试。

首先使用一个带有英文字符及数字的图片来进行测试，该图片是从以下网址下载的：

```
https://raw.githubusercontent.com/Python3WebSpider/TestTess/master/image.png
```

其内容如图 9.15 所示。

Python3WebSpider

图 9.15 进行测试的图片

将该图片放到 D 盘的 test 目录下备用。

然后打开命令行，先定位到 D:\test 目录下，执行以下命令：

```
tesseract image.png result
```

运行结果如图 9.16 所示。

图 9.16 命令行识别图像

这里我们调用了 tesseract 命令，其中第一个参数为图片文件的名称，第二个参数 result 为结果保存的目标文件名称。之后，这条命令将会在该目录下生成一个名为 result.txt 的文本文件，其内容即为字符串"Python3WebSpider"。这说明 Tesseract 成功地实现了将图片转换为文字。

接下来，使用 Python 程序代码来验证 Pytesseract 模块的转换效果。

【范例程序 9-1】使用 Python 程序代码验证 Pytesseract 模块

范例程序 9-1 的代码

```
from PIL import Image                    # 导入图像模块
import pytesseract                       # 导入识别模块
text = pytesseract.image_to_string(Image.open(r'D:\test\image.png'))
 # 调用图片转字符的方法
```

```
print(text)                              # 输出结果
```

以上代码首先导入图像模块与图像识别模块，然后直接调用 pytesseract 的 image_to_string()方法对图像进行识别，其参数为一个打开的图像文件，即调用 image 模块中的 open()方法打开图像。最后将成功识别出的字符串结果输出。将上述代码保存到程序文件 9-1.py 中，执行这个程序，结果如图 9.17 所示。

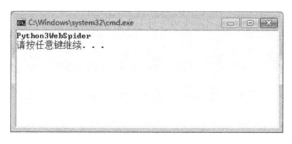

图 9.17　使用 Python 程序代码验证 Pytesseract 模块（图像识别模块）

查看图 9.17 的运行结果，可以看到成功识别出了图像字符串，并将其输出。这样，在进行网络爬虫操作时，如果遇到登录需要填写验证码时，就可以直接对获取的图片进行识别，并将识别结果提交到服务器，从而自动绕过验证码，成功登录目标网站，为后续爬取操作"铺平道路"。

接下来，再来试试 pytesseract 识别中文文字的能力。

这里我们仍沿用程序 9-1.py，只是把其中的图片换成如图 9.18 所示的含有中文文字的图片。

在最深的红尘里重逢

图 9.18　含有中文文字的图片

将这个图片放到 test 目录下，将其命名为 test2.png。修改程序 9-1.py，修改后的代码如下所示。

【范例程序 9-2】识别中文文字

范例程序 9-2 的代码

```
from PIL import Image                    # 导入图像模块
import pytesseract                       # 导入识别模块
text = pytesseract.image_to_string(Image.open(r'D:\test\test2.png'),
lang='chi_sim')                          # 调用图片转文字的方法
print(text)                              # 输出结果
```

其中不仅改变了所要识别的图片，还为参数提供了第二个参数 lang，即语言设置为中文简体。将上述代码保存到程序文件 9-2.py 中，执行该程序，结果如图 9.19 所示。

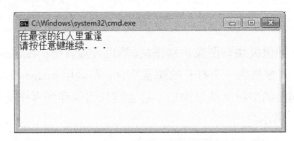

图 9.19 对中文的识别

查看图 9.19 的运行结果，可以看到虽然成功进行了识别，但有个别中文文字不太准确，效果有点差强人意。

9.2 对网络验证码的识别

上一节介绍了 Tesseract 的安装、设置及使用，而对它的使用都是在本地，本节继续深入学习 Tesseract 模块，要尝试对网上的各种验证码进行识别。

9.2.1 读取网络验证码并识别

要识别网络验证码，原理就是使用 request 模块的 urlretrieve()方法将网络验证码生成的图片下载到本地，再使用 pytesseract 去进行处理，将图片的内容转换为字符或文字。

下面的范例程序就演示了如何读取网络验证码图片，并把图片下载到本地进行识别。

【范例程序 9-3】读取网络验证码

范例程序 9-3 的代码

```
import pytesseract                                    # 导入图像识别模块
from urllib import request                            # 导入 request 模块
from PIL import Image                                 # 导入 image 模块
import time                                           # 导入 time 模块
for i in range(20):                                   # 循环
    captchaUrl = "https://passport.lagou.com/vcode/create"# 生成验证码图片的 URL
    request.urlretrieve(captchaUrl,'captcha.png')# 下载图片并命名为 captcha.png
    image = Image.open('captcha.png')                # 打开下载的图片
    text = pytesseract.image_to_string(image,lang='eng')# 将图片转换为字符或文字
    print(text)                                       # 输出结果
    time.sleep(2)                                     # 暂停两秒后再次执行
```

以上代码从指定 URL 把图片下载到本地，再调用 pytesseract 模块中的 image_to_string()方法对图片进行识别，并输出结果。由于使用了循环，因此会进行多次的访问、下载、识别与输出。将上述代码保存到程序文件 9-3.py 中，执行该程序，将会出现如图 9.20 所示的结果。

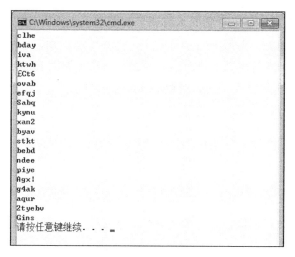

图 9.20　读取网络验证码

9.2.2　对验证码进行转化

有时网络验证码会加入各种网格线与干扰线，这就需要调用图像模块中的方法，对图片进行转灰度与二值化处理。

转灰度处理：调用 Image 对象的 convert()方法参数传入 L，即可将图片转成灰度图像。

比如以下代码就调用该方法实现了灰度图像的转化。

首先需要准备 1.jpg 以备用，如图 9.21 所示。

图 9.21　需要进行转化的图像

【范例程序 9-4】转化为灰度图像

范例程序 9-4 的代码

```
from PIL import Image            # 导入 image 模块
image = Image.open("1.jpg")      # 打开当前目录的 1.jpg
image = image.convert('L')       # 转化为灰度图像
image.show()                     # 显示图像
```

以上代码调用 Image 模块中的 convert()方法将图像转化为灰度图像并显示出来。把上述代码保存到程序文件 9-4.py 中，执行该程序将会使用图片浏览工具打开图片，打开的会是已经转化过的灰度图像，如图 9.22 所示。

图 9.22　经过转化的灰度图像

对比图 9.22 与图 9.21，可以看到原本有彩色的图像已经被转化为灰度图像了。

有时经过灰度处理之后，图像中的字符或文字仍然无法识别，这时可以尝试将图像进行二值化处理。所谓二值化，就是图像上只有黑白两色。仍然是调用 Image 模块中的 convert() 的方法（在此例的具体实现中是调用 image 对象的 convert() 方法），传入参数 "1" 即可实现二值化转化。将程序 9-4 进行简单修改，将其中的：

```
image = image.convert('L')
```

修改为：

```
image = image.convert('1')
```

这样修改之后，即可将图像进行二值化转化。把修改后的上述代码保存到程序文件 9-5.py 中，执行该程序，将会对图像进行二值化转化并显示出来，结果如图 9.23 所示。

图 9.23　对图像进行二值化转化

二值化的阈值是可以指定的，上面的方法用的是默认阈值 127。不过，一般情况下很少直接对原图进行二值化转化，因为直接转化甚至会适得其反，有时需要先进行灰度转化再进行二值化转化。图像经转化之后，可以在一定程度上提高识别的准确率。

9.3　小结

本章讲解了图像识别开源库 Tesseract，读者通过对 Tesseract 库的学习和运用，能够规避验证码干扰网络爬虫的操作，从而解决类似的一系列问题，希望对大家有所帮助。

第 10 章

◀ Scrapy框架 ▶

Scrapy 是使用 Python 开发的一个快速、高层次的屏幕抓取和 Web 抓取框架，即用于抓取 Web 站点并从网页中提取结构化的数据。Scrapy 用途广泛，可以用于数据挖掘、监测和自动化测试。

Scrapy 吸引人的地方在于它是一个框架，任何人都可以根据需求方便地修改它。它也提供了多种类型爬虫的基类，如 BaseSpider、sitemap 爬虫等，最新版本又提供了对 Web 2.0 爬虫的支持。

本章将学习以下知识点：

● 了解 Scrapy 框架
● 如何安装 Scrapy 框架
● Scrapy 的开发步骤
● Scrapy 用于爬虫实战

10.1 了解 Scrapy

在本节，先来介绍一下什么是 Scrapy 框架、Scrapy 框架都由哪几个部分构成、如何安装 Scrapy，并如何搭建一个完整的环境。下面各小节就分别来介绍这些内容。

10.1.1 Scrapy 框架概述

Scrapy 是一个为了爬取网站数据、提取结构性数据而编写的应用框架。可以应用于数据挖掘、信息处理或存储历史数据等一系列的程序中。该框架最初是为了网页内容的抓取（更确切地说是网络内容的抓取）而设计的，也可以应用于获取 API 所返回的数据（例如 Amazon Associates Web Services）或者通用的网络爬虫。Scrapy 用途广泛，也可以用于数据采集、监测和自动化测试。该框架使用了 Twisted 异步网络库来处理网络通信，整体的结构大致如图 10.1 所示。

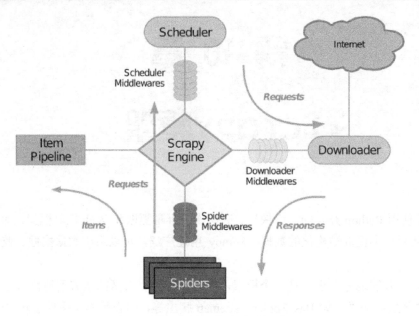

图 10.1　Scrapy 框架的结构

Scrapy 主要包括以下组件：

● 引擎（Scrapy）

引擎用来处理整个系统的数据流，并触发事务，是整个框架的最核心部分。

● 调度器（Scheduler）

调度器用来接受引擎发过来的请求，加入队列中，并在引擎再次请求的时候返回。可以把它想象成一个 URL（抓取网页的网址或者说是链接）的优先队列，由调度器来决定下一个要抓取的网址是什么，同时去除重复的网址。

● 下载器（Downloader）

下载器用于下载网页的内容，并将网页的内容返回给爬虫（Scrapy 的下载器就是建立在Twisted 这个高效的异步模型上的）。

● 爬虫（Spider）

爬虫是主要干活的，用于从特定的网页中提取自己需要的内容（信息或数据），即所谓的表项（Item）。编程人员也可以从中提取出链接，让 Scrapy 继续抓取下一个网页的内容，从而实现多网页内容的抓取。

● 管道（Pipeline）

管道负责处理爬虫从网页中抽取的表项，主要的功能是持久化表项、验证表项的有效性、清除不需要的内容（信息或数据）。当网页被爬虫解析后，网页的内容将被发送到管道，并经过几个特定的次序处理这些内容。

● 　下载器中间件（Downloader Middleware）

顾名思义，下载器中间件是位于 Scrapy 引擎和下载器之间的组件，主要处理 Scrapy 引擎与下载器之间的请求和响应。

● 　爬虫中间件（Spider Middleware）

顾名思义，爬虫中间件是介于 Scrapy 引擎和爬虫之间的组件，主要工作是处理爬虫的请求和响应。

● 　调度中间件（Scheduler Middleware）

调度中间件是介于 Scrapy 引擎和调度之间的组件，从 Scrapy 引擎发送到调度的请求和响应。Scrapy 的整个工作流程大概如图 10.2 所示。

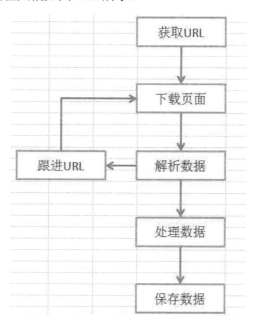

图 10.2　Scrapy 的工作流程

这个工作流程用文字表述就是如下的步骤：

（1）引擎从调度器中取出一个链接（URL）用于接下来的网页抓取；
（2）引擎把 URL 封装成一个请求（Request）传给下载器；
（3）下载器把网络资源下载下来，并封装成响应包（Response）；
（4）爬虫解析 Response；
（5）若解析出各个表项（Item），则交给管道进行进一步的处理；
（6）若解析出网址链接 URL，则把 URL 交给调度器等待下一步的网页抓取。

10.1.2　安装

本小节介绍如何安装 Scrapy 框架。从上一小节介绍的 Scrapy 框架的结构可以看出 Scrapy

由几个部分构成，所以它的安装也由几个部分组成。想要使用 Scrapy 的全部内容，就需要将其所有组成的各个部分全部安装到位。

安装 Scrapy 之前，需要安装 wheel、lxml、Twisted 和 pywin32 模块。

● Wheel 包含在新的 Python 发行版本中，用于替代 Python 传统的 egg 文件。目前有超过一半的库文件（模块或程序包）有对应的 wheel 文件，安装 wheel 模块有助于快速地为自己的项目创建本地的软件仓库。

● lxml 是 Python 的一个解析库，支持 HTML 和 XML 的解析，支持 XPath 解析方式，而且解析效率非常高。关于 lxml 的内容在前面的章节已经介绍过了。

● Twisted 是用 Python 实现的基于事件驱动的网络引擎框架，支持许多常见的传输及应用层协议，包括 TCP、UDP、SSL/TLS、HTTP、IMAP、SSH、IRC 以及 FTP。就像 Python 一样，Twisted 也具有"内置电池"（Batteries-Included）的特点，表示功能齐全的意思。Twisted 对于其支持的所有协议都带有客户端和服务器的实现，同时附带有基于命令行的工具，使得配置和部署产品级的 Twisted 应用变得非常方便。

● pywin32 是 Python 的 Windows 扩展，可以实现 Windows 下的诸如捕获窗口、模拟鼠标键盘动作、自动获取某路径下的文件列表以及 PIL 截屏等功能。该组件也需要进行安装才能调用。

如果直接在命令行中执行以下命令，那么中间的大部分安装过程会顺利进行，但在安装 Twisted 时有可能出现如图 10.3 所示的错误提示：

```
pip3 install scrapy
```

图 10.3　安装 Twisted 过程中可能出现的错误提示

错误提示缺少了 Visual C++工具。其实，要想修复这个错误，需要下载一个补丁，下载地址为 http://www.lfd.uci.edu/~gohlke/pythonlibs/#twisted。到该地址下载 Twisted 对应版本的 whl 文件，比如 Twisted-18.9.0-cp37-cp37m-win_amd64.whl。其中，cp 后面是 Python 版本号，amd64

代表 64 位。

下载之后，使用 pip 来安装这个 whl 文件。如果将该 whl 文件放在 D 盘的根目录下，就可以执行如下命令进行安装 Twisted：

```
pip3 install D:\Twisted-18.9.0-cp37-cp37m-win_amd64.whl
```

安装的结果如图 10.4 所示。

图 10.4　安装 Twisted

之后再使用 pip 命令安装 Scrapy 即可。

安装好 Scrapy 后，还需要单独安装 pywin32，既可以从网站下载安装包进行安装，也可以像安装其他 Python 模块一样使用 pip 进行安装。安装结果如图 10.5 所示。

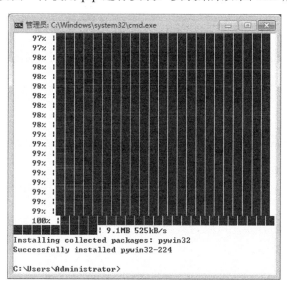

图 10.5　成功安装 pywin32

10.2 开发 Scrapy 的过程

上一节简单介绍了 Scrapy 框架及其构成，还介绍了各种模块的安装过程，本节将简单介绍开发 Scrapy 的基本步骤，使读者能够了解如何使用 Scrapy 框架来开发自己的一个项目，并使这个项目能够运行起来。

10.2.1 Scrapy 开发步骤

要开发一个 Scrapy 项目，大致可以分为以下几步：

1. 创建项目

要创建一个项目，可以通过 startproject 命令来实现，具体命令如下。

```
scrapy startproject <name> [dir]
```

其中的 name 就是需要创建的项目名称，这里需要注意的是，项目名称是不区分字母大小写的。

2. 进入项目

使用 cd 命令即可，如下。

```
cd xxx
```

使用 cd 命令进入已经创建的项目所在的目录中。

3. 创建爬虫

爬虫是整个项目的核心，需要通过 genspider 命令来创建：

```
scrapy genspider [options] <name> <domain>
```

其中，可选参数 options 是爬虫的相关设置，name 为名称，domain 指定其工作的域名。

4. 运行爬虫

使用 crawl 命令即可：

```
scrapy crawl <spider>
```

代码中的 spider 就是通过上一步创建的爬虫。

5. 内容的存储

在上一步运行爬虫的时候，可以为其指定 -o 加上相应的存储类型文件参数，就是将爬取到的内容存储到指定文件中。

10.2.2　Scrapy 保存信息的格式

如上一小节所述，如果要存储爬取到的内容，可以将其存储到指定的文件中。文件的常见格式有 JSON 格式、文本格式、CSV 格式以及 XML 格式等。在 Scrapy 框架中保存爬取的内容是调用 pipeline.py 来保存。在使用时需要注意在 settings 里面设置 pipelines 的权重值。

要将爬取到的内容保存为文本文件，可以使用如下的程序代码：

```
class JsonPipeline(object):
    def process_item(self,item,spider):
        # 获取当前的工作目录
        base_dir = os.getcwd()
        file_name = base_dir + '/test.txt'
        # 以追加的方式打开文件并将内容写入文件
        with open (file_name,"a") as f:
            f.write(item + '\n') # \n 代表换行符
        return item
```

以上代码定义了 JsonPipeline 类，并设置了 process_item()方法。调用该方法以写入方式打开指定的文件，并将爬取的内容写入到文件中，实现将内容写入到文本文件中的目的。

如果要将爬取到的内容保存为 JSON 格式，可以采用以下程序代码：

```
class JsonPipeline(self,item,spider):
    base_dir = os.getcwd()
    file_name = base_dir + '/test.json'
    # 把字典类型的数据转换成 JSON 格式,并写入文件
    with open(file_name,"a") as f:
        line = json.dumps(dict(item),ensure_ascii=False,indent=4)
        f.write(line)
        f.write("\n")
    return item
```

以上程序代码与保存文本文件的程序代码对应的操作基本类似，主要是调用了 dumps()方法，其中的参数是：item，提取到的内容，这里要将内容（信息或数据）转换为 JSON 格式；ensure_ascii，要设置为 False，不然内容会直接以 utf-8 的编码方式存入；indent，指定以格式化输出内容，以增加可阅读性。

一般情况下，爬虫爬取的都是结构化数据。我们一般会用字典来表示，调用 CSV 模块中的方法即可将爬取到的内容以字典方式写入到 CSV 文件中，程序代码如下所示。

```
import CSV
with open('data.csv','w') as f:
    fieldnames = ['id','name','age'] # 定义字段的名称
    writer = CSV.DictWriter(f,fieldnames=fieldnames) # 初始化一个字典对象
    write.writeheader() # 调用 writeheader()方法写入头信息
    # 传入相应的字典数据
    write.writerow({'id':'1001','name':'Mike','age':18})
    write.writerow({'id':'1002','name':'Mike1','age':19})
    write.writerow({'id':'1003','name':'Mike2','age':20})
```

除了将爬取到的内容保存到文件中，还可以将这些内容通过 MySQL 数据库操作保存到相应的数据库表中。这里不再赘述，读者结合本书前面章节所学的 MySQL 数据库操作，自己不难独立完成这样的操作。

10.2.3 项目中各个文件的作用

本小节来简单介绍一下创建 Scrapy 项目之后生成的各个文件的作用。

使用 pip 成功安装 Scrapy 之后，相应的文件都会被放入 Python 安装目录下的 Scripts 目录中。关键的文件 scrapy.exe 也在其中。在将 Python\Scripts 目录设置到系统环境变量 PATH 中之后，即可在命令行提示符下直接使用命令 scrapy 来创建项目，如图 10.6 所示。

图 10.6　创建项目

通过图 10.6 的执行结果可以看到，成功在 D 盘创建了一个名为 my_pro 的 Scrapy 项目。下面就转到该目录下，查看一下其中的目录结构及其各个文件。目录中各个文件的位置如图 10.7 所示。

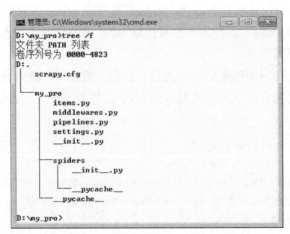

图 10.7　Scrapy 项目中的文件

图 10.7 中显示了项目中的所有文件，每个文件及其意义分别如下：

- scrapy.cfg: 该文件为项目的配置信息，主要为 Scrapy 命令行工具提供一个基础的配置信息。真正爬虫相关的配置信息在 settings.py 文件中。
- items.py: 该文件设置数据存储模板，用于结构化数据，如 Django 的 Model 等。
- middlewares.py: 该文件即为中间件，中间件是 Scrapy 中的一个核心概念。使用中间件可以在爬虫的请求发起之前或者请求返回之后对数据进行定制化修改，从而开发出适应不同情况的爬虫。
- pipelines: 该文件规定数据处理行为，如一般结构化的数据持久化、将数据保存为 JSON 等。
- settings.py: 该文件为配置文件，如递归的层数、并发数、延迟下载等。
- spiders: 该目录是爬虫目录，如创建文件、编写爬虫规则等。

 一般创建爬虫文件时以网站域名来命名。

10.3　爬虫范例

上一节介绍了开发 Scrapy 的过程，本节就来介绍一些范例，实际爬取一些网站，通过范例来说明 Scrapy 框架如何对网站进行爬取、获取所需的相关内容并保存。

10.3.1　Scrapy 爬取美剧天堂

美剧是美国产电视剧的统称，在世界各地均有广泛的受众。美剧天堂（MeiJuTT.com）是国内一家可在线观看、下载美剧的中文美剧网，专业提供海量高清好看的美剧，美剧在线观看、美剧下载、各类精彩美剧保持每日更新，第一时间为广大美剧爱好者提供最精彩的内容。本小节就将该网站作为我们要爬取的目标。

按照上节所介绍的步骤一步步来实现。

（1）创建项目，在命令行下执行如下命令：

```
scrapy startproject movie
```

（2）进入项目，并创建爬虫程序（均在命令行下执行）。

```
cd movie
scrapy genspider meiju meijutt.com
```

结果如图 10.8 所示。

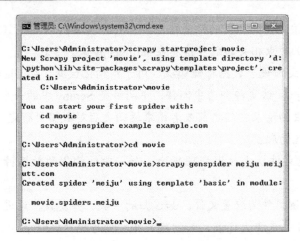

图 10.8　创建项目及爬虫程序

（3）下面就需要设置数据模板了。

进入项目目录中，打开 items.py 文件，将其修改为如下内容：

```python
import scrapy


class MovieItem(scrapy.Item):
    # define the fields for your item here like:
    # name = scrapy.Field()
    name = scrapy.Field()
```

修改之后，保存以备用。

（4）编写爬虫程序。进入 movie\movie\spiders 文件夹，打开其中的 meiju.py，将其修改为如下的程序代码：

```python
# -*- coding: utf-8 -*-
import scrapy
from movie.items import MovieItem

class MeijuSpider(scrapy.Spider):
    name = "meiju"
    allowed_domains = ["meijutt.com"]
    start_urls = ['http://www.meijutt.com/new100.html']

    def parse(self, response):
        movies = response.xpath('//ul[@class="top-list  fn-clear"]/li')
        for each_movie in movies:
            item = MovieItem()
            item['name'] = each_movie.xpath('./h5/a/@title').extract()[0]
```

```
        yield item
```

修改之后，保存以备用。

（5）设置配置文件，打开 settings.py 文件，找到 ITEM_PIPELINES 项，将其修改为以下内容：

```
IITEM_PIPELINES = {
    'movie.pipelines.MoviePipeline':100
}
```

取消该选项的注释，保存设置文件以备用。

（6）打开数据处理脚本文件 pipelines.py，将其修改为如下内容：

```
class MoviePipeline(object):
    def process_item(self, item, spider):
        with open("my_meiju.txt",'a',encoding='utf-8') as fp:
            fp.write(item['name'] + '\n')
```

这里需要注意的是，打开文件时要使用 utf-8 编码，以防止出现乱码，保存该文件以备用。

（7）执行爬虫程序。在命令行中执行以下命令：

```
cd movie
scrapy crawl meiju
```

（8）查看结果，爬取的结果如图 10.9 所示。

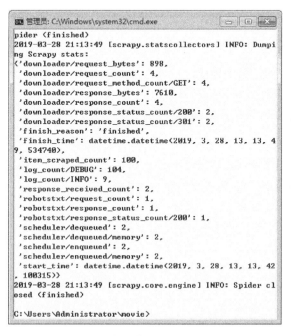

图 10.9 爬取美剧天堂网的结果

此时，在项目的根文件夹 movie 下会自动生成一个名为 my_meiju.txt 的文本文件，其中就是爬取到的美剧天堂最近更新的排名前 100 位的电视剧的名称，如图 10.10 所示。

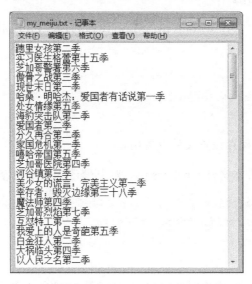

图 10.10　爬取美剧天堂网自动生成的结果文件

10.3.2　Scrapy 爬取豆瓣网

本节继续使用 Scrapy 框架进行实际的网站爬取操作。本节使用 Scrapy 来爬取豆瓣网站的电影 top250 的内容。

（1）创建项目，执行如下代码：

```
scrapy startproject douban
```

（2）进入项目，并创建爬虫程序：

```
cd movie
scrapy genspider top douban.com
```

（3）设置数据模板。

由于我们需要爬取电影排名、电影名称、评分以及评论人数等信息，因此进入项目所在的目录中，打开 items.py 文件，将其修改为如下内容：

```
import scrapy


class DoubanItem(scrapy.Item):
    # define the fields for your item here like:
    # 排名
    ranking = scrapy.Field()
    # 电影名称
    name = scrapy.Field()
    # 评分
```

```
score = scrapy.Field()
# 评论人数
score_num = scrapy.Field()
```

修改之后，保存以备用。

（4）编写爬虫程序。在编写爬虫程序之前，先来看一下，网站返回的 HTML 代码：

```
<ol class="grid_view">
    <li>
        <div class="item">
        <div class="pic">
            <em class="">1</em>
            <a href="https://movie.douban.com/subject/1292052/">
            <img alt="肖申克的救赎"
src="https://img3.doubanio.com/view/movie_poster_cover/ipst/public/p480747492.
jpg" class="">
            </a>
        </div>
        <div class="info">
            <div class="hd">
            <a href="https://movie.douban.com/subject/1292052/" class="">
                <span class="title">肖申克的救赎</span>
                    <span class="title"> / The Shawshank
Redemption</span>
                <span class="other"> / 月黑高飞(港)  /  刺激
1995(台)</span>
            </a>


                <span class="playable">[可播放]</span>
            </div>
            <div class="bd">
            <p class="">
                导演: 弗兰克·德拉邦特 Frank Darabont   主演: 蒂姆·罗
宾斯 Tim Robbins /...<br>
                1994 / 美国 / 犯罪 剧情
            </p>


            <div class="star">
                <span class="rating5-t"></span>
                <span class="rating_num" property="v:average">9.6</span>
                <span property="v:best" content="10.0"></span>
                <span>766719 人评价</span>
            </div>

                <p class="quote">
                <span class="inq">希望让人自由。</span>
                </p>
            </div>
        </div>
        </div>
    </li>
```

```
    ...
    ...
    ...
</ol>
```

从以上代码可以看到，我们所需要的信息都存放在 class 属性为 grid_view 的 ol 下的 li 标签中，所以为了获取这个 li 标签，可以调用 xpath()方法并加入如下代码：

```
response.xpath('//ol[@class="grid_view"]/li')
```

然后是排名信息，存放在 class 属性为 pic 的 div 下的<em>标签中。所以，获取排名信息可以使用如下 xpath 代码：

```
movie.xpath('.//div[@class="pic"]/em/text()')
```

然后是电影名称信息，存放在 class 属性为 hd 的 div 下的<a>之中的第一个<span>标签之中。所以，获取电影名称信息可以使用如下 xpath 代码：

```
movie.xpath('.//div[@class="hd"]/a/span[1]/text()')
```

然后是电影评分信息，存放在 class 属性为 star 的 div 下的 class 为 rating_num 的<span>标签中。所以，获取评分信息可以使用如下 xpath 代码：

```
movie.xpath('.//div[@class="star"]/span[@class="rating_num"]/text()')
```

最后是评论人数，存放在 class 属性为 star 的 div 下的最后一个<span>标签中。所以，获取评论人数可以使用如下 xpath 代码：

```
movie.xpath('.//div[@class="star"]/span[last()]/text()')
```

有了以上的基础，下面就进入 douban\douban\spiders 文件夹。打开其中的 top.py，将其修改为如下程序代码：

```python
import scrapy
from douban.items import DoubanItem


class TopSpider(scrapy.Spider):
    name = 'top'
    allowed_domains = ['douban.com']
    start_urls = ['https://movie.douban.com/top250']

    def parse(self, response):
        item = DoubanItem()
        movies = response.xpath('//ol[@class="grid_view"]/li')
        for movie in movies:
            item['ranking'] =
movie.xpath('.//div[@class="pic"]/em/text()').extract()[0]
            item['name'] =
movie.xpath('.//div[@class="hd"]/a/span[1]/text()').extract()[0]
```

```
        item['score'] =
movie.xpath('.//div[@class="star"]/span[@class="rating_num"]/text()').extract(
)[0]
        item['score_num'] =
movie.xpath('.//div[@class="star"]/span[last()]/text()').extract()[0]
        yield item
```

修改之后，保存以备用。

（5）设置配置文件。打开 settings.py 文件，找到 ITEM_PIPELINES 项，将其修改为以下内容：

```
ITEM_PIPELINES = {
    'douban.pipelines.DoubanPipeline': 100,
}
```

另外，由于豆瓣网站有防爬取的机制，为了保证正常爬取，需要添加 USER_AGENT 内容。仍然是在 settings.py 中找到 USER_AGENT 选项，将其修改为以下内容：

```
USER_AGENT = 'douban (+https://movie.douban.com/top250)'
```

取消以上两个选项的注释，保存设置文件以备用。

现在就可以执行爬虫程序了。在命令行中执行以下命令：

```
cd douban
scrapy crawl top -o douban.csv
```

查看结果，爬取的结果如图 10.11 所示。

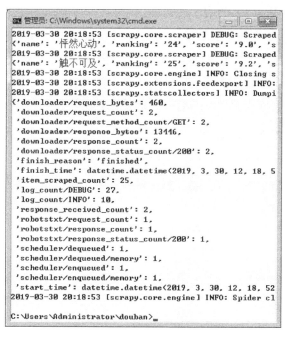

图 10.11　爬取豆瓣网的结果

此时，项目的根文件夹 douban 下会自动生成一个名为 douban.csv 的文件，其中就是爬取到的豆瓣网 top250 的部分内容，如图 10.12 所示。

name	ranking	score	score_num
肖申克的救赎	1	9.6	1372930人评价
霸王别姬	2	9.6	1015295人评价
这个杀手不太冷	3	9.4	1255228人评价
阿甘正传	4	9.4	1081606人评价
美丽人生	5	9.5	632619人评价
泰坦尼克号	6	9.3	1022155人评价
千与千寻	7	9.3	1008077人评价
辛德勒的名单	8	9.5	564161人评价
盗梦空间	9	9.3	1090798人评价
忠犬八公的故事	10	9.3	716677人评价
机器人总动员	11	9.3	723191人评价
三傻大闹宝莱坞	12	9.2	978512人评价
海上钢琴师	13	9.2	804283人评价
放牛班的春天	14	9.3	676151人评价
楚门的世界	15	9.2	745085人评价
大话西游之大圣娶亲	16	9.2	755743人评价
星际穿越	17	9.2	774559人评价
龙猫	18	9.2	668468人评价
教父	19	9.2	491243人评价
熔炉	20	9.3	434828人评价
无间道	21	9.1	620303人评价
疯狂动物城	22	9.2	849432人评价
当幸福来敲门	23	9	791256人评价
怦然心动	24	9	872071人评价
触不可及	25	9.2	522565人评价

图 10.12　爬取豆瓣网自动生成的结果文件

10.3.3　Scrapy 爬取豆瓣网 II

上一小节通过 Scrapy 实现了对豆瓣网 top250 的爬取，但是发现仅爬取了第一页的共 25 个记录，那么能否爬取所有 250 条记录呢？答案是肯定的，本小节就在上一小节的基础上改造一下爬虫程序，实现对全部记录的爬取。

要想爬取全部内容，就需要读取所有网页的信息。实现自动翻页一般有两种方法：

● 　在网页中找到下一页的地址。

● 　自己根据 URL 的变化规律构造所有网页的地址。

一般情况下，我们使用第一种方法。第二种方法适用于网页的下一页地址为 JS 加载的情况。这里只介绍第一种方法。

查看网页的源代码，可以在其中找到如下代码：

```
<span class="next">
    <link rel="next" href="?start=25&amp;filter="/>
    <a href="?start=25&amp;filter=" >后页&gt;</a>
</span>
```

　　其中的超链接<a>就是指向下一页的地址，所以这里仍然使用 xpath 来获取内容，并将其提交给调度器。

　　打开 spiders 目录下的 top.py 文件，在其下方添加如下内容：

```
next_url = response.xpath('//span[@class="next"]/a/@href').extract()
if next_url:
    next_url = 'https://movie.douban.com/top250' + next_url[0]
    yield Request(next_url, headers=self.headers)
```

　　以上代码先查找网页中下一页的链接，如果存在这样的内容，就构建 URL 地址，并将其提交到调度器，继续爬取，这样就实现了多网页爬取的效果。

　　修改后的 top.py 的全部内容如下所示。

```
# -*- coding: utf-8 -*-
import scrapy
from scrapy import Request
from douban.items import DoubanItem


class TopSpider(scrapy.Spider):
    name = 'top'
    allowed_domains = ['douban.com']
    def start_requests(self):
        url = 'https://movie.douban.com/top250'
        yield Request(url)


    def parse(self, response):
        item = DoubanItem()
        movies = response.xpath('//ol[@class="grid_view"]/li')
        for movie in movies:
            item['ranking'] =
movie.xpath('.//div[@class="pic"]/em/text()').extract()[0]
            item['name'] =
movie.xpath('.//div[@class="hd"]/a/span[1]/text()').extract()[0]
            item['score'] =
movie.xpath('.//div[@class="star"]/span[@class="rating_num"]/text()').extract(
)[0]
            item['score_num'] =
movie.xpath('.//div[@class="star"]/span[last()]/text()').extract()[0]
            yield item
```

```
next_url = response.xpath('//span[@class="next"]/a/@href').extract()
if next_url:
    next_url = 'https://movie.douban.com/top250' + next_url[0]
    yield Request(next_url)
```

在命令行中执行以下命令：

```
cd douban
scrapy crawl top -o douban.csv
```

就可以看到它的执行效果，如图 10.13 所示。

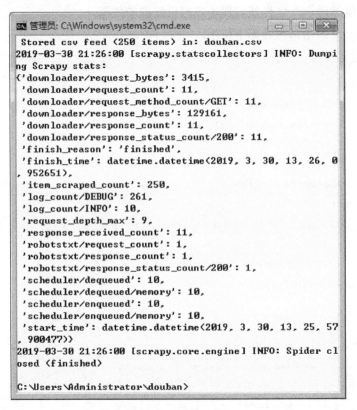

图 10.13   爬取到的多网页信息

查看图 10.13 的结果，注意 item_scraped_count 选项，可以看到返回了 250 条记录，说明成功地爬取了全部内容。

此时查看根目录 douban 中的 douban.csv 文件，就可以看到最后的结果如图 10.14 所示。

	A	B	C	D
1	name	ranking	score	score_num
2	肖申克的救赎	1	9.6	1372930人评价
3	霸王别姬	2	9.6	1015295人评价
4	这个杀手不太冷	3	9.4	1255228人评价
5	阿甘正传	4	9.4	1081606人评价
6	美丽人生	5	9.5	632957人评价
7	泰坦尼克号	6	9.3	1022155人评价
8	千与千寻	7	9.3	1008077人评价
9	辛德勒的名单	8	9.5	564161人评价
10	盗梦空间	9	9.3	1090798人评价
11	忠犬八公的故事	10	9.3	716677人评价
12	机器人总动员	11	9.3	723191人评价
13	三傻大闹宝莱坞	12	9.2	978512人评价
14	海上钢琴师	13	9.2	804283人评价
15	放牛班的春天	14	9.3	676508人评价
16	楚门的世界	15	9.2	745085人评价
17	大话西游之大圣娶亲	16	9.2	755743人评价
18	星际穿越	17	9.2	774559人评价
19	龙猫	18	9.2	668468人评价
20	教父	19	9.2	491243人评价
21	熔炉	20	9.3	435114人评价
22	无间道	21	9.1	620303人评价
23	疯狂动物城	22	9.2	849432人评价
24	当幸福来敲门	23	9	791256人评价
25	怦然心动	24	9	872071人评价
26	触不可及	25	9.2	522823人评价
27	乱世佳人	26	9.2	365046人评价
28	蝙蝠侠：黑暗骑士	27	9.1	503560人评价
29	活着	28	9.2	404285人评价
30	少年派的奇幻漂流	29	9	792886人评价
…	……………			
234	黄金三镖客	233	9.1	66152人评价
235	黑鹰坠落	234	8.6	155209人评价
236	非常嫌疑犯	235	8.6	151024人评价
237	卡萨布兰卡	236	8.6	151405人评价
238	我爱你	237	9	77541人评价
239	国王的演讲	238	8.3	412513人评价
240	千钧一发	239	8.7	118802人评价
241	美国丽人	240	8.5	224852人评价
242	功夫	241	8.3	402377人评价
243	遗愿清单	242	8.5	171668人评价
244	疯狂的麦克斯4：狂暴之路	243	8.6	267037人评价
245	碧海蓝天	244	8.7	119613人评价
246	荒岛余生	245	8.5	171796人评价
247	英国病人	246	8.5	203237人评价
248	荒野生存	247	8.6	154083人评价
249	驴得水	248	8.3	454568人评价
250	奇迹男孩	249	8.6	282444人评价
251	枪火	250	8.7	124846人评价

图 10.14　爬取豆瓣网自动生成的包含多网页内容的结果文件

10.4　总结

本章主要讲解了 Scrapy 框架在 Python 爬虫程序中的用法，并通过几个爬虫范例说明如何运用 Scrapy 框架，最后讲解了一个实用的爬虫项目。

第 11 章

◀PyQuery模块▶

前面几章向读者介绍了 Python 有关爬虫的技术，比如 BeautifulSoup、正则表达式等。这些技术各有其优缺点，其中正则表达式使用很灵活，但正则规则编写起来非常麻烦，而 BeautifulSoup 的语法也很难记。那么 Python 中有没有一种使用既灵活、语法又简单的网页解析模块呢？答案是肯定的，这就是 PyQuery 模块。本章就来介绍这个模块。

本章主要涉及的知识点有：

- 了解 PyQuery 模块
- 如何使用 PyQuery 模块
- CSS 筛选器的使用
- 使用 PyQuery 爬取网站

11.1　PyQuery 模块

本节先来介绍什么是 PyQuery 模块、这个模块有什么特点，以及如何安装 PyQuery 模块等。通过本节的介绍，读者可以对该模块有一个具体的了解与认识。

11.1.1　什么是 PyQuery 模块

有过网站前端开发经验的人员肯定都接触过 jQuery。jQuery 是一个 JavaScript 库，极大地简化了 JavaScript 的编程，而且 jQuery 库学习的门槛也非常低，基本有 JavaScript 基础的人都可以很容易理解并迅速学会 jQuery 库。

我们要介绍的 PyQuery 模块也有这样的特点。PyQuery 库也是一个非常强大又灵活的网页解析库，如果读者有前端开发的经验并且懂 jQuery，那么 PyQuery 就是读者绝佳的选择。PyQuery 是 Python 仿照 jQuery 的严格实现。语法与 jQuery 几乎完全相同，所以不用再费心去记一些奇怪的方法。

11.1.2　PyQuery 模块的安装

要想使用 PyQuery 模块，首先需要安装该模块，它的安装方法与前面介绍的模块类似，仍然是使用 pip 来安装。

打开命令行提示符，执行如下命令（前提是 Python 安装目录下的 scripts 目录已经加到系统环境变量的 PATH 中）：

```
pip3 install pyquery
```

执行命令之后，将自动下载并安装 PyQuery 模块，如图 11.1 所示。

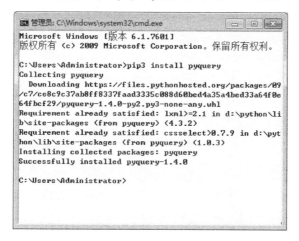

图 11.1　执行 pip3 安装 PyQuery 模块

出现如图 11.1 所示的成功安装提示，就表明 PyQuery 模块已经成功安装好了。这时，读者可以在 Python 中尝试导入 PyQuery，代码如下所示。

```
from pyquery import PyQuery as pq
```

只要没有错误提示，就确定成功安装好了 PyQuery 模块，并可以正常使用。

11.2　PyQuery 模块用法

成功安装好 PyQuery 模块之后，我们就可以使用这个 PyQuery 模块了。像 BeautifulSoup 一样，初始化 PyQuery 的时候也需要传入 HTML 文本来初始化一个 PyQuery 对象。它的初始化方式有多种，比如直接传入字符串、传入 URL、传入文件名等。下面我们来详细介绍一下。

11.2.1　使用字符串初始化 PyQuery 对象

初始化 PyQuery 对象最简单的方法就是使用字符串进行初始化，这里的字符串是包含有 HTML 内容的特殊字符串。

下面的范例程序演示了如何使用字符串初始化 PyQuery 对象。

【范例程序 11-1】使用字符串初始化 PyQuery 对象

范例程序 11-1 的代码

```
from pyquery import PyQuery as pq        # 导入 pyquery 模块
html = '''
<div>
```

```
    <ul>
        <li class="item-0">first item</li>
        <li class="item-1"><a href="link2.html">second item</a></li>
        <li class="item-0 active"><a href="link3.html"><span
class="bold">third item</span></a></li>
        <li class="item-1 active"><a href="link4.html">fourth item</a></li>
        <li class="item-0"><a href="link5.html">fifth item</a></li>
    </ul>
</div>
'''                                             # 定义字符串
html_query = pq(html)                           # 通过字符串初始化对象
print(html_query('li'))                         # 输出所有的 li 列表
```

以上代码首先导入 PyQuery 模块，然后定义了一个包含 HTML 内容的字符串，之后通过字符串初始化一个 PyQuery 对象，最后输出所有的 li 列表。将以上代码保存到程序文件 11-1.py 中，执行该程序，结果如图 11.2 所示。

图 11.2 使用字符串初始化 PyQuery 对象

查看图 11.2 可以发现，成功输出了字符串包含的列表中的内容。

11.2.2 使用文件初始化 PyQuery 对象

除了使用字符串初始化 PyQuery 对象之外，还可以通过 HTML 文件初始化 PyQuery 对象。只需在初始化时指定 filename 即可，其语法格式如下所示。

```
html_query = pq(filename='demo.html')
```

其中的 deom.html 为指定的文件，通常为 HTML 文件。

下面通过一个范例程序来演示如何使用 HTML 文件初始化 PyQuery 对象。

在使用文件初始化之前，先将如下代码保存为 test.html 文件，以备用。

```
<div>
    <ul>
        <li class="item-0">first item</li>
        <li class="item-1"><a href="link2.html">second item</a></li>
```

```
        <li class="item-0 active"><a href="link3.html"><span
class="bold">third item</span></a></li>
        <li class="item-1 active"><a href="link4.html">fourth item</a></li>
        <li class="item-0"><a href="link5.html">fifth item</a></li>
    </ul>
</div>
```

【范例程序 11-2】使用 HTML 文件初始化 PyQuery 对象

范例程序 11-2 的代码

```
from pyquery import PyQuery as pq        # 导入 pyquery 模块
html_query = pq(filename='test.html')    # 通过 HTML 文件初始化 PyQuery 对象
print(html_query('.item-0'))             # 输出指定属性的内容
```

以上代码首先导入 PyQuery 模块，然后通过当前目录中的 HTML 文件 test.html 初始化一个 PyQuery 对象，最后输出所有 class 为.tem-0 的内容。将以上代码保存到程序文件 11-2.py 中，执行该程序，结果如图 11.3 所示。

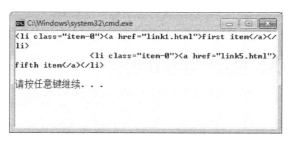

图 11.3　使用文件初始化 PyQuery 对象

11.2.3　使用 URL 初始化 PyQuery 对象

PyQuery 还支持通过网络 URL 初始化 PyQuery 对象。只需在初始化时指定 URL 即可，其语法格式如下所示。

```
html_query = pq(url='http://www.baidu.com')
```

其中的 http://www.baidu.com 为指定的 URL。这样的话，PyQuery 对象首先会请求访问这个 URL 地址指向的网页，然后用得到的 HTML 内容完成初始化，其实就相当于用网页的源代码以字符串的形式传递给 PyQuery 类来完成初始化。

上面代码的功能与下面代码的功能是完全相同的：

```
html_query = pq(requests.get('http:// www.baidu.com').text)
```

下面通过一个范例程序来演示如何使用网络 URL 地址来初始化 PyQuery 对象。

【范例程序 11-3】使用 URL 初始化 PyQuery 对象

范例程序 11-3 的代码

```
from pyquery import PyQuery as pq                    # 导入 pyquery 模块
html_query = pq(url='https://www.baidu.com',encoding="utf-8")
                                                     # 通过 URL 初始化 PyQuery 对象
print(html_query('title'))                           # 输出标签<title>的内容
```

以上代码导入 PyQuery 模块，然后通过网络 URL 初始化一个 PyQuery 对象。注意，这里还使用到了 encoding 参数，用于设置编码方式，以保证正确地获取内容。最后输出所有指定标签的内容。将以上代码保存到程序文件 11-3.py 中，执行该程序，结果如图 11.4 所示。

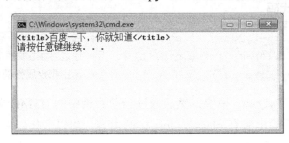

图 11.4　使用 URL 初始化 PyQuery 对象

11.3　CSS 筛选器的使用

PyQuery 最重要的一个作用就是从网页中筛选出需要的内容，这时可以使用它的 CSS 筛选器。它的使用方式非常简单，与 jQuery 类似，只需传入相应的内容即可。本节就来介绍 PyQuery CSS 筛选器的使用。

11.3.1　基本 CSS 选择器

由于 PyQuery 的语法与 jQuery 类似，因此在选择器方面，二者也极为相似，甚至可以说是一致的。PyQuery 中的选择器调用的方法与 jQuery 类似，具体内容如表 11.1 所示。

表 11.1　PyQuery 基本语法表

表达式	例子	说明
.class	.color	选择 class=color 的所有元素
#id	#info	选择 id=info 的所有元素
*	*	选择所有元素
element	p	选择所有的 p 元素
element,element	div,p	选择所有 div 元素和所有 p 元素
element element	div p	选择 div 标签内的所有 p 元素
[attribute]	[target]	选择带有 target 属性的所有元素
[attribute=value]	[target=_blank]	选择 target=_blank 的所有元素

表 11-1 列出了基本的 CSS 选择器的筛选语法。下面通过一个范例程序来演示如何使用基本的 CSS 选择器。

【范例程序 11-4】基本 CSS 选择器的使用

范例程序 11-4 的代码

```
from pyquery import PyQuery as pq          # 导入 pyquery 模块
html ='''
<div id="container">
    <ul class="list">
        <li class="item-0">first item</li>
        <li class="item-1"><a href="link2.html">second item</a></li>
        <li class="item-0 active"><a href="link3.html"><span
class="bold">third item</span></a></li>
        <li class="item-1 active"><a href="link4.html">fourth item</a></li>
        <li class="item-0"><a href="link5.html">fifth item</a></li>
    </ul>
</div>
'''                                        # 定义字符串
html_query = pq(html)                      # 通过字符串初始化 PyQuery 对象
re=html_query('#container .list li')
print(re)
print(type(re))
```

以上代码首先导入 PyQuery 模块，然后定义了一个包含 HTML 内容的字符串，之后通过字符串初始化一个 PyQuery 对象，传入了一个 CSS 选择器#container .list li（先选取 id 为 container 的节点，再选取其内部 class 为 list 的节点内部的所有 li 节点），然后打印输出。可以看到，我们成功地获取到了符合条件的节点。最后，将它的类型打印输出，它的类型依然是 PyQuery 类型。将以上代码保存到程序文件 11-4.py 中，执行该程序，结果如图 11.5 所示。

图 11.5　基本 CSS 选择器的使用

11.3.2　查找节点

下面我们介绍一些常用的查询方法，这些方法和 jQuery 中函数的用法完全相同，其中包括子节点的查找、子孙节点的查找、父节点的查找、祖先节点、兄弟节点的查找等。

- children()：查找子节点，所有符合 CSS 选择器的节点。
- find()：查找子孙节点，所有符合 CSS 选择器的节点。
- parent()：查找父节点，所有符合 CSS 选择器的节点。
- parents()：查找父节点及父辈以上的节点，所有符合 CSS 选择器的节点。
- siblings()：查找兄弟节点，所有符合 CSS 选择器的节点。

以上方法调用方式类似，为这些方法提供 CSS 选择器的参数即可在指定位置查找符合条件的节点。

下面的范例程序演示了如何从子孙节点中查找符合条件的节点。

【范例程序 11-5】查找节点

范例程序 11-5 的代码

```
from pyquery import PyQuery as pq          # 导入 pyquery 模块
html ='''
<div id="container">
    <ul class="list">
        <li class="item-0">first item</li>
        <li class="item-1"><a href="link2.html">second item</a></li>
        <li class="item-0 active"><a href="link3.html"><span
class="bold">third item</span></a></li>
        <li class="item-1 active"><a href="link4.html">fourth item</a></li>
        <li class="item-0"><a href="link5.html">fifth item</a></li>
    </ul>
</div>
'''                                          # 定义字符串
html_query = pq(html)
items = html_query ('.list')
print(type(items))
print(items)
lis = items.find('li')
print(type(lis))
print(lis)
```

以上代码首先导入 PyQuery 模块，然后定义了一个包含 HTML 内容的字符串，之后通过字符串初始化一个 PyQuery 对象，传入了一个 CSS 选择器.list（class 为 list 的节点）。然后，打印输出。可以看到，我们成功地获取到了符合条件的节点。之后调用节点的 find()方法，再查找上一个结果下层的所有 li，最后将它的类型打印输出。我们可以看到，它的类型依然是 PyQuery 类型。将以上代码保存到程序文件 11-5.py 中，执行该程序，结果如图 11.6 所示。

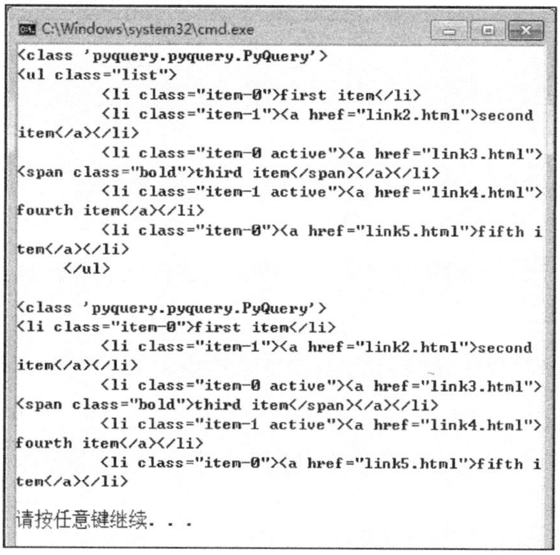

```
<class 'pyquery.pyquery.PyQuery'>
<ul class="list">
            <li class="item-0">first item</li>
            <li class="item-1"><a href="link2.html">second
item</a></li>
            <li class="item-0 active"><a href="link3.html">
<span class="bold">third item</span></a></li>
            <li class="item-1 active"><a href="link4.html">
fourth item</a></li>
            <li class="item-0"><a href="link5.html">fifth i
tem</a></li>
        </ul>

<class 'pyquery.pyquery.PyQuery'>
<li class="item-0">first item</li>
            <li class="item-1"><a href="link2.html">second
item</a></li>
            <li class="item-0 active"><a href="link3.html">
<span class="bold">third item</span></a></li>
            <li class="item-1 active"><a href="link4.html">
fourth item</a></li>
            <li class="item-0"><a href="link5.html">fifth i
tem</a></li>

请按任意键继续. . .
```

图 11.6　查找节点

除了 find()方法，其他几个查找节点的调用方法与其类似，这里不再单独举例。有兴趣的读者可以自行将其代入代码中，以查看实际的运行效果。

11.3.3　遍历结果并输出

查看前面的范例程序，可以发现 PyQuery 的选择结果可能是多个节点，也可能是单个节点，类型都是 PyQuery 类型，并没有返回像 BeautifulSoup 那样的列表。

对于单个节点来说，可以直接打印输出，也可以直接转成字符串，直接调用 str()函数即可将对象转化为字符串，如下所示。

```
str(pyquery.pyquery.PyQuery)
```

对于多个节点的结果，我们就需要遍历来提取了。例如，遍历每一个 li 节点，需要调用 items()方法。调用 items()方法后，会得到一个生成器，遍历一下，就可以逐个得到 li 节点对象了，它的类型也是 PyQuery 类型。每个 li 节点还可以调用前面所说的方法进行选择，比如继续查询子节点、寻找某个祖先节点等，非常灵活。

【范例程序 11-6】遍历结果并输出

代范例程序 11-6 的代码

```
from pyquery import PyQuery as pq                # 导入 pyquery 模块
html ='''
<div id="container">
    <ul class="list">
         <li class="item-0">first item</li>
         <li class="item-1"><a href="link2.html">second item</a></li>
         <li class="item-0 active"><a href="link3.html"><span
```

```
class="bold">third item</span></a></li>
        <li class="item-1 active"><a href="link4.html">fourth item</a></li>
        <li class="item-0"><a href="link5.html">fifth item</a></li>
    </ul>
</div>
'''                                           # 定义字符串
html_query = pq(html)
lis = html_query ('li').items()
for li in lis:                                # 遍历结果并输出
    print(li)
```

以上代码在筛选结果时调用了 items()方法。该方法会返回一个生成器，遍历结果将会得到每一个内容。将上述代码保存到程序文件 11-6.py 中，执行该程序，结果如图 11.7 所示。

图 11.7　遍历结果并输出

除了使用遍历之外，eq()方法可以通过索引提取到响应位置的节点，只需为方法提供对应的索引值即可，比如以下代码：

```
lis = doc('li').eq(0)
```

这样就表示要提取第一个 li 的 PyQuery 对象。

11.3.4　获取文本信息

获取对象往往不是我们的最终目的，爬虫程序的最终目的是获取相应的文本信息，比如获取超链接的目标 URL、标签之中的文本等内容。这就需要调用对象的获取属性与文本的有关方法。

获取对象属性可以调用 attr()方法，为该方法提供属性的名称即可获取相应的属性值。

【范例程序 11-7】获取对象属性的文本

范例程序 11-7 的代码

```
from pyquery import PyQuery as pq        # 导入 pyquery 模块
html ='''
<div id="container">
    <ul class="list">
```

```
            <li class="item-0">first item</li>
            <li class="item-1"><a href="link2.html">second item</a></li>
            <li class="item-0 active"><a href="link3.html"><span
class="bold">third item</span></a></li>
            <li class="item-1 active"><a href="link4.html">fourth item</a></li>
            <li class="item-0"><a href="link5.html">fifth item</a></li>
        </ul>
    </div>
    '''                                      # 定义字符串
    html_query = pq(html)
    a = html_query ('a')                     # 获取所有超链接
    for item in a.items():                   # 遍历结果
        print(a.attr('href'))                # 获取 href 属性
```

以上代码获取所有超链接，并对结果进行遍历，然后调用 attr()方法获取每个超链接的 href
属性，并将其输出。将上述代码保存到程序文件 11-7.py 中，执行该程序，结果如图 11.8 所示。

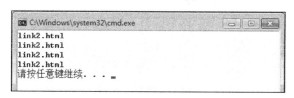

图 11.8　获取属性

如果要获取标签中的文本信息，可以调用方法 text()。该方法返回标签中的文本信息，并
且去除掉其中的 HTML 内容。

如果要获取标签中含有 HTML 内容的文本信息，可以调用 html()方法。下面通过一个范
例程序比较一下二者返回内容的异同。

【范例程序 11-8】获取对象的文本信息

范例程序 11-8 的代码

```
from pyquery import PyQuery as pq              # 导入 pyquery 模块
html ='''
<div id="container">
    <ul class="list">
        <li class="item-0">first item</li>
        <li class="item-1"><a href="link2.html">second item</a></li>
        <li class="item-0 active"><a href="link3.html"><span
class="bold">third item</span></a></li>
        <li class="item-1 active"><a href="link4.html">fourth item</a></li>
        <li class="item-0"><a href="link5.html">fifth item</a></li>
    </ul>
</div>
'''                                            # 定义字符串
html_query = pq(html)
a = html_query ('[href="link3.html"]')         # 获取所有超链接
print(a.text())
print(a.html())
```

199

以上代码获取 href 为 link3.html 的节点，并分别调用 text()方法与 html()方法返回标签中的文本信息。将上述代码保存到程序文件 11-8.py 中，执行该程序，结果如图 11.9 所示。

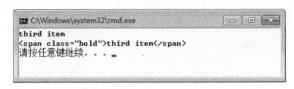

图 11.9 返回对象的文本信息

查看图 11.9 的运行结果，可以看到调用 text()方法只返回了纯文本内容，而 html()方法则返回了包含 HTML 的内容。在实际使用时，编程人员可以根据需要调用合适的方法来获取相应的内容。

如果只包含一个节点，调用这两个方法就可以返回正确的内容。如果包含多个结果，就会出现这样的情况：html()方法返回的是第一个节点的内部 HTML 文本，而 text()方法则返回了所有节点内部的纯文本，中间用一个空格分隔开，即返回的结果是一个字符串。

这个地方需要注意，如果得到的结果是多个节点，并且想要获取每个节点的内部 HTML 文本，就需要遍历每个节点。text()方法不需要遍历就可以获取所有节点的文本，它会从所有节点提取文本之后合并成一个字符串，再返回给调用者。

除了以上调用方法之外，PyQuery 还支持为网页 DOM 添加、删除属性等其他更复杂的 DOM 操作。在爬虫程序中用不到这样的功能，所以这里就不再赘述了。有兴趣的读者可以参阅更多资料去自行研究。

11.4 爬虫 PyQuery 解析实战

前面三节介绍了 PyQuery 模块的用法、筛选器的使用等。本节将通过一些简单的范例来巩固所学的内容，同时将学到的 PyQuery 内容应用到网站爬取实战中。

11.4.1 爬取猫眼票房

猫眼电影排行专业版网页可以显示电影的实时票房、票房占比、排片占比、上座率等信息。本小节就尝试使用 PyQuery 来对这个网站进行爬取，获取电影票房的排行信息。

【范例程序 11-9】爬取猫眼票房的排行信息

范例程序 11-9 的代码

```
from pyquery import  PyQuery as pq
import requests
headers = {
    "User-Agent":"Mozilla/5.0 (Windows NT 6.1; WOW64) AppleWebKit/537.36 (KHTML,
like Gecko) Chrome/63.0.3239.132 Safari/537.36"
        }
```

```
url = "https://piaofang.maoyan.com/?ver=normal"          # 定义 URL
response = requests.request('get',url,headers=headers)    # 发送请求
content_all = response.content.decode('utf-8')
doc = pq(content_all)                                     # 初始化对象
items = doc('#ticket_tbody')                              # 获取票房内容
movies=items('ul').items()                               # 获取 UL 列表
for movie in movies:
    name=movie('.solid b').text()                        # 获取电影名称
    print(name)                                          # 输出名称
```

以上代码使用 request 向指定 URL 发送请求，并将返回结果转换为 HTML 格式，然后通过 PyQuery 初始化一个对象，获取 class 为 ticket_tbody 的层，然后继续获取每个 ul，并对结果进行遍历，并输出提取到的电影名称。

将以上代码保存到程序文件 11-9.py 中，执行该程序，将会出现如图 11.10 所示的运行结果。

图 11.10　爬取猫眼电影得到的结果

这里为什么仅爬取了电影名称，而没有票房的有关信息呢？由于猫眼电影票房使用了自定义的字体，因此在爬取票房信息时需要对自定义字体进行处理。由于这已经超出了爬取技术的范围，而且牵涉查找替换等内容，因此这里不再介绍，有兴趣的读者可以参阅有关文章进行学习和研究。

11.4.2　爬取微博热搜

微博是现在人们用得比较多的一个 App，而其中的热搜又能找到当前各种话题的流行趋势，通过该热搜榜可以了解当前最热门的话题。本小节将介绍如何获取微博热搜的内容。

【范例程序 11-10】爬取微博热搜的内容

范例程序 11-10 的代码

```
from pyquery import PyQuery as pq
import requests
headers = {
```

```
        "User-Agent":"Mozilla/5.0 (Windows NT 6.1; WOW64) AppleWebKit/537.36 (KHTML,
like Gecko) Chrome/63.0.3239.132 Safari/537.36"
            }
url = "https://s.weibo.com/top/summary"
response = requests.request('get',url,headers=headers)
content_all = response.content.decode('utf-8')
doc = pq(content_all)                    # 实例化对象
items = doc('tbody')                     # 获取表格中的内容
content=items('.td-02').items()          # 获取热搜单元格
for movie in movies:
    name=movie('a').text()               # 获取链接中的文本
    print(name)
```

以上代码首先定义需要访问的 URL，然后发送请求并返回结果，最后使用 PyQuery 对象从结果中提取相应的内容，遍历结果并输出。将以上代码保存到程序文件 11-10.py 中，执行该程序，实现对网站的爬取，结果如图 11.11 所示。

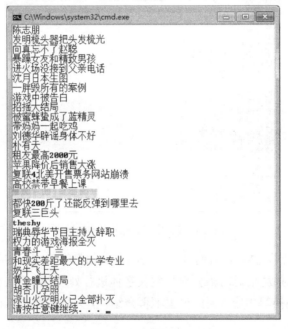

图 11.11　爬取微博热搜的结果

11.5　小结

本章主要介绍了 PyQuery 模块的用法。通过对该章内容的学习，加上灵活运用 PyQuery 的种种方法，读者将可以使用该模块轻松地爬取一个网站的有用信息，为编写实际的网络爬虫程序奠定坚实的基础。